西兰花 菜心节本高效栽培

里绿

绿花2号

魔绿王

卓越

蔓陀绿

博爱1号

英雄

玉皇

博爱 468

播种过早或过迟，植株易出现早现蕾现象

玉冠

幼苗露心阶段

西兰花 菜心节本高效栽培

徒长苗　　　　　　　　　　猝倒病苗期症状

灰霉病苗期症状　　　　　　灰霉病后期症状

黑根病　　　　　　　　　　黑腐病叶片病症

软腐病症状

黑腐病并发软腐病症状　　软腐病导致植株软化腐败

霜霉病叶片症状　　小菜蛾幼虫及其为害状

西兰花 菜心节本高效栽培

小菜蛾成虫

菜粉蝶幼虫及其为害状

斜纹夜蛾幼虫及其为害

甜菜夜蛾

黄曲条跳甲为害幼苗状

适时采收花球

农家摇钱树 · 蔬菜

采收时注意刀口斜切

侧花球选留与采收

80天油青

油绿80天菜心

80天菜心

迟心2号

西兰花 菜心节本高效栽培

油绿 701 菜心

油绿 702 菜心

绿宝 70 天

菜心 3~4 片真叶时间苗和定苗

菜心水坑栽培

软腐病症状

菜心与青瓜间种（间种可防治炭疽病发生）

霜霉病叶片症状

炭疽病叶片症状

黄曲条跳甲为害状

小菜蛾幼虫及其为害状

农家摇钱树·蔬菜

西兰花 菜心
节本高效栽培

◎主编／李向阳 张 华

广东省出版集团
广东科技出版社
·广州·

图书在版编目（CIP）数据

西兰花　菜心节本高效栽培 / 李向阳，张华主编．—广州：广东科技出版社，2013.1（2016.11重印）

（农家摇钱树．蔬菜）

ISBN 978-7-5359-5696-5

Ⅰ．①西… Ⅱ．①李…②张… Ⅲ．①花椰菜—蔬菜园艺②菜苔—蔬菜园艺　Ⅳ．① S63

中国版本图书馆 CIP 数据核字（2012）第 090933 号

Xilanhua Caixin Jieben Gaoxiao Zaipei

责任编辑：	尉义明
装帧设计：	柳国雄
责任校对：	陈　静
责任技编：	彭海波

出版发行：广东科技出版社
　　　　　（广州市环市东路水荫路 11 号　邮政编码：510075）
http：//www.gdstp.com.cn
E-mail：gdkjyxb@gdstp.com.cn（营销中心）
E-mail：gdkjzbb@gdstp.com.cn（总编办）
经　　销：广东新华发行集团股份有限公司
印　　刷：佛山市浩文彩色印刷有限公司
　　　　　（佛山市南海区狮山科技工业园 A 区　邮政编码：528225）
规　　格：889mm×1 194mm　1/32　印张 3.25　插页 4　字数 90 千
版　　次：2013 年 1 月第 1 版
　　　　　2016 年 11 月第 2 次印刷
印　　数：6 001~9 000 册
定　　价：10.00 元

如发现因印装质量问题影响阅读，请与承印厂联系调换。

主　　编： 李向阳　张　华

编写人员： 李向阳　张　华　黄红弟

　　　　　　陈玉英　刘振翔

编写单位： 广州市农业科学研究院

主编简介
Zhubianjianjie

李向阳，现任广州市农业科学研究院研究员，兼任广东省科普作家协会副秘书长、农业专业委员会副主任，广东科普讲师团讲师等，致力于蔬菜研究、科普创作和农业先进技术推广。

先后获得成果奖励16项次，其中获全国农牧渔业丰收奖三等奖1项，全国优秀科普作品奖科普图书类提名奖1项，广东省首届优秀科普图书二等奖1项，广东省科学技术进步奖二等奖和三等奖各1项，广东省农业技术推广奖二等奖2项、三等奖1项，广州市第二届优秀科普图书一等奖1项，广州市科学技术进步奖二等奖和三等奖各2项，广州市蔬菜生产科技贡献奖二等奖1项，广州市农业技术改进成果奖一等奖和二等奖各1项；主持和主要参加国家、省、市等科研项目10多项；育成通过省审定蔬菜新品种6个；制定地方标准8

项；第1作者编著著作有3种，第1作者发表的科技文章有10多篇。曾被广东省委组织部、广东省科协评为"广东省农村党员基层干部科技素质培训工作先进个人"。

张华，1990年7月华南农业大学作物遗传育种专业硕士研究生毕业，广州市农业科学研究院研究员，国务院政府特殊津贴和广州市优秀专家，主要从事蔬菜新品种选育以及新品种、新技术推广等工作，先后主持和参与国家、省、市等科研项目80余项；育成通过省审定蔬菜新品种16个；获成果奖24项次，其中农业部神农中华农业科技三等奖1项、农牧渔业丰收三等奖1项，广东省科学技术二等奖1项、三等奖2项，广东省农业技术推广二等奖5项、三等奖5项，广州市科学技术二等奖4项、三等奖5项；制定地方标准10项；编著著作8部，发表科技论文80余篇，科普文章20多篇，获优秀学术论文奖多篇。

内容简介
Neirongjianjie

怎样降低生产成本,提高产量,增加效益,是每个生产者努力追求的目标。《农家摇钱树·蔬菜》系列,给广大生产者带来了希望,全套图书文字简洁,图片丰富,关键技术可操作性强,能让生产者快速掌握,从而达到产量丰收、效益提高的目的。

《西兰花 菜心节本高效栽培》作为其中一册,针对我国西兰花、菜心生产现状,介绍了西兰花、菜心生产概述,西兰花、菜心优质高抗品种选择,西兰花、菜心生物学特性,西兰花、菜心适时栽培技术,西兰花反季节生产技术,菜心遮阳网覆盖栽培技术,西兰花、菜心主要病虫害及其防治。全书突出了关键技术内容,选配了连贯技术要点的图片,具有非常强的实用性和可操作性,适合广大生产者学习应用,也可供基层农业技术人员和农业院校相关专业师生阅读参考。

目 录
Mulu

西兰花

- 一、西兰花生产概述 ··· 2
- 二、西兰花优质高抗品种选择 ···································· 3
  - (一) 早熟类型 ·· 3
    - 1. 里绿 ··· 3
    - 2. 中青 1 号 ·· 3
    - 3. 绿花 2 号 ·· 4
    - 4. 上海 1 号 ·· 4
    - 5. 绿王 ··· 4
    - 6. 绿冠 ··· 4
    - 7. 绿慧星 ··· 4
    - 8. 绿鼎 ··· 5
    - 9. 魔绿王 ··· 5
    - 10. 卓越 ·· 5
  - (二) 中熟类型 ·· 5
    - 1. 曼陀绿 ··· 5
    - 2. 博爱 1 号 ·· 6
    - 3. 未来 ··· 6
    - 4. 秀玉 ··· 6
    - 5. 英雄 ··· 6

- 6. 玉皇 ……6
- 7. 六铃 ……7
- 8. 东京绿 ……7
- 9. 绿岭 ……7
- 10. 玉冠 ……7
- 11. 中青2号 ……7
- （三）晚熟类型 ……8
  - 1. 博爱468 ……8
  - 2. 夏丽都 ……8
- 三、西兰花生物学特性 ……9
  - （一）植物学性状 ……9
    - 1. 根 ……9
    - 2. 茎 ……9
    - 3. 叶 ……9
    - 4. 花球 ……10
    - 5. 花 ……10
    - 6. 荚 ……10
  - （二）生长发育特点 ……10
    - 1. 发芽期 ……10
    - 2. 幼苗期 ……11
    - 3. 莲座期 ……11
    - 4. 花球形成期 ……11
    - 5. 抽枝（薹）期 ……11
    - 6. 开花结荚期 ……11
  - （三）花芽分化的条件 ……12
  - （四）对环境条件的要求 ……12
    - 1. 光照 ……12
    - 2. 温度 ……12

     3. 水分 ···13
     4. 营养和土壤 ···13
  四、西兰花适时栽培技术 ···14
   (一)品种选择 ···14
   (二)适时播种 ···15
     1. 播种期的确定 ···15
     2. 播种方式 ···16
   (三)育苗技术 ···16
     1. 苗床或营养钵的准备 ··17
     2. 营养土的配备 ···17
     3. 播种技术 ···18
     4. 苗期管理 ···19
     5. 苗期易出现的问题及其防止方法 ······················21
   (四)土壤选择 ···23
   (五)整地与施肥 ···24
   (六)定植 ···24
     1. 定植前的准备 ···24
     2. 定植密度 ···24
     3. 定植方法 ···25
     4. 提高幼苗成活率的措施 ·····································25
   (七)田间管理 ···26
     1. 缓苗期管理 ···26
     2. 莲座期管理 ···26
     3. 结球期管理 ···27
     4. 盛收期管理 ···27
   (八)适时采收 ···28
     1. 采收适期的确定 ···28
     2. 采收方法 ···28

3

五、西兰花反季节生产技术 … 29
（一）反季节栽培应具备的条件 … 29
1. 气候条件 … 29
2. 品种条件 … 30
3. 栽培技术条件 … 30
4. 市场条件 … 30

（二）反季节栽培的类型 … 30
1. 利用夏季凉爽的山区气候资源类型 … 30
2. 利用冬季温暖的南方气候资源类型 … 30
3. 利用保护性、半保护性设施调控气候的类型 … 31

（三）反季节栽培技术 … 31
1. 品种选择 … 31
2. 栽培日期的确定 … 31
3. 育苗技术 … 32
4. 定植 … 33
5. 田间管理 … 33

六、西兰花主要病虫害及其防治 … 34
（一）主要病害及其防治 … 34
1. 猝倒病 … 34
2. 立枯病 … 36
3. 病毒病 … 37
4. 灰霉病 … 37
5. 黑根病 … 38
6. 黑腐病 … 39
7. 软腐病 … 39
8. 霜霉病 … 40
9. 菌核病 … 41

（二）主要虫害及其防治 …………………………… 41
    1. 小菜蛾 …………………………………………… 41
    2. 菜粉蝶 …………………………………………… 42
    3. 蚜虫 ……………………………………………… 42
    4. 斜纹夜蛾 ………………………………………… 42
    5. 甜菜夜蛾 ………………………………………… 43
    6. 菜螟 ……………………………………………… 43
    7. 黄曲条跳甲 ……………………………………… 44
    8. 蜗牛 ……………………………………………… 44
    9. 地下害虫 ………………………………………… 45
    10. 细钻螺 …………………………………………… 45

菜　心

一、菜心生产概述 …………………………………………… 48
二、菜心优质高抗品种选择 ………………………………… 49
（一）早熟类型 …………………………………………… 49
    1. 四九心-19号 …………………………………… 49
    2. 四九心 …………………………………………… 50
    3. 油绿50天 ………………………………………… 50
    4. 油绿501菜心 …………………………………… 50
    5. 碧绿粗薹菜心 …………………………………… 51
    6. 油绿粗薹菜心 …………………………………… 51
    7. 全年心 …………………………………………… 51
    8. 东莞45天菜心 ………………………………… 52
    9. 桂林柳叶早菜心 ………………………………… 52
（二）中熟类型 …………………………………………… 52
    1. 60天特青 ………………………………………… 52

  2. 60天菜心 ……………………………………………53
  3. 油绿701菜心 …………………………………53
  4. 油绿702菜心 …………………………………53
  5. 绿宝70天 ………………………………………54
  6. 桂林柳叶中菜心 …………………………………54
  7. 青柳叶中菜心 ……………………………………54
 (三)迟熟类型 ………………………………………54
  1. 迟心2号 ………………………………………55
  2. 特青迟心4号 …………………………………55
  3. 油绿80天菜心 …………………………………55
  4. 油绿802菜心 …………………………………56
  5. 翠绿80天 ………………………………………56
  6. 80天油青 ………………………………………56
  7. 80天菜心 ………………………………………56
  8. 三月青菜心 ……………………………………57
  9. 增城迟菜心 ……………………………………57
  10. 桂林扭叶菜心 …………………………………57
  11. 竹湾迟菜心 ……………………………………58
  12. 青柳叶迟菜心 …………………………………58
  13. 柳叶晚菜心 ……………………………………58

三、菜心生物学特性 ……………………………………59
 (一)植物学性状 ……………………………………59
  1. 根系 ……………………………………………59
  2. 短缩茎和菜薹 …………………………………59
  3. 基生叶和薹叶 …………………………………59
  4. 花序和花 ………………………………………60
  5. 果实和种子 ……………………………………60
 (二)生长发育特点 …………………………………60

    1. 发芽期 ……………………………………… 60
    2. 叶片生长期 …………………………………… 61
    3. 菜薹形成期 …………………………………… 61
    4. 开花结实期 …………………………………… 61
  （三）对环境条件的要求 ……………………………… 62
    1. 温度 ………………………………………… 62
    2. 光照 ………………………………………… 63
    3. 水分 ………………………………………… 63
    4. 土壤和养分 …………………………………… 63
四、菜心适时栽培技术 …………………………………… 64
  （一）栽培季节 ………………………………………… 64
  （二）整地、施肥 ……………………………………… 65
  （三）播种育苗 ………………………………………… 66
    1. 直播育苗 ……………………………………… 66
    2. 育苗移栽 ……………………………………… 67
  （四）田间管理 ………………………………………… 68
    1. 间苗 ………………………………………… 68
    2. 定植 ………………………………………… 68
    3. 施肥 ………………………………………… 69
    4. 淋水 ………………………………………… 69
  （五）适时采收 ………………………………………… 70
五、菜心遮阳网覆盖栽培技术 …………………………… 71
  （一）品种选择 ………………………………………… 71
  （二）播种育苗 ………………………………………… 71
  （三）遮阳网覆盖 ……………………………………… 72
    1. 覆盖方式 ……………………………………… 72
    2. 遮阳网的管理 ………………………………… 72
  （四）田间管理 ………………………………………… 73

六、菜心主要病虫害及其防治 73
（一）主要病害及其防治 74
1. 炭疽病 74
2. 软腐病 75
3. 霜霉病 76
4. 病毒病 77
5. 根肿病 78

（二）主要虫害及其防治 79
1. 黄曲条跳甲 79
2. 小菜蛾 80
3. 菜青虫 81
4. 斜纹夜蛾 82
5. 蚜虫 82
6. 美洲斑潜蝇 83

致谢 85

西 兰 花

一、西兰花生产概述

西兰花，亦称青花菜、绿菜花、木立花椰菜、茎椰菜、意大利芥蓝等，是甘蓝的一个变种。西兰花原产意大利，19世纪初传到欧美各国，19世纪末传入我国，现已遍布世界各地，成为国际市场的畅销品。在美国，西兰花为五大速冻蔬菜（西兰花、豌豆、菜豆、甜玉米、菠菜）之首，占速冻蔬菜总量的60%，远销欧洲各国。

随着国际贸易及旅游业的发展，国内人民生活水平的提高，西兰花作为一种高档蔬菜越来越受到人们的欢迎，其生产也取得了很大的发展，现在我国台湾、云南、广东、福建、北京、上海、浙江等地已有较大面积的栽培，其中广东汕尾、深圳和福建福州等地已先后建立起西兰花的出口生产基地。广东省中南部（南亚热带区）和南部地区基本无霜，冬季冷凉，11月至翌年3月平均气温13.3~19.6℃，适合西兰花生长和花球形成膨大，可露地大面积冬种，可在收割晚稻后的11月中旬定植西兰花，翌年2月份收获，因此，西兰花是晚稻收获后充分利用冬闲田创收的优良菜种。目前，在粤西、珠江三角洲等地冬种生产西兰花，其成熟后投放国际市场和北方市场时，刚好是西兰花鲜品缺乏的时期，因而市场价格好。冬种西兰花已成为广东省粤西、珠江三角洲等地区农民增收的一个新途径，其生产面积得到快速发展。

由于西兰花的生长发育条件的要求较高，生产上常因选择品种、播种期和栽培管理措施不当，出现畸形花球、叶毛花球、花球腐烂、品质变劣、产量低等问题，直接影响了收成。因此，掌握高效栽培技术显得尤其重要。

二、西兰花优质高抗品种选择

西兰花按花球色泽分为绿花与紫花两种类型,其中以绿花类型较为普遍。按成熟期可分为早熟、中熟和晚熟3种类型。早熟类型生育期(从播种到采收)80~100天,中熟类型生育期100~130天,晚熟类型生育期130天以上。熟性越晚,完成春化所要求的温度越低,时间也越长。不同栽培季节温度条件不一样,因此,应根据栽培条件选用合适的品种是十分重要的。一般夏、秋季栽培宜选用早熟、中熟品种,冬季和早春栽培则宜选用中熟、晚熟品种。我国南方地区气候比较温和,一般适宜种植早熟、中熟品种,不适宜种植晚熟品种。

(一)早熟类型

1. 里绿

从日本引进的杂交一代品种。适于春、秋季定植。春季定植后45天采收,秋季定植后50~60天采收。以采收顶球为主。主花球较大,直径约20厘米,花枝较长,色泽浓绿,蕾粒较细,结球较紧密,单球重300克左右。耐病毒病和黑腐病。耐热性强,最适于夏种秋收。

2. 中青1号

中国农业科学院蔬菜花卉研究所育成的杂交一代品种。适于春、秋季定植。春季定植后45天采收,秋季定植后50~60天采收。可主、侧球兼收。花球浓绿,较紧实,蕾粒较细,主花球重300克左右，侧花球重 150 克左右。较抗病毒病及黑腐病。

3．绿花 2 号

广州市农业科学研究院育成的杂交一代品种。适于春、秋季定植。春季定植后 45 天采收，秋季定植后 50~60 天采收。以采收顶球为主。主花球较大，直径约 20 厘米，蕾层厚 8~10 厘米，高圆形，外观好，色泽浓绿，蕾粒较细，结球紧实，花枝较短、整齐，品质优。单球重 350~500 克。耐热，耐病毒病和黑腐病。

4．上海 1 号

上海农业科学院园艺研究所育成的杂交一代品种。适于秋季定植，从定植到采收 60 天。主花球重约 400 克。较耐寒，但耐热性、抗霜霉病和黑腐病能力稍弱。

5．绿王

从日本引进的杂交一代品种。早中熟品种。适合春季露地栽培，从播种到采收 55~65 天。花球大，直径可达 25 厘米，高圆形，外观好，品质佳，单球重达 800 克。耐热性较强。

6．绿冠

台湾杂交一代品种。适合 8 月至翌年 3 月播种，定植后 50 天左右开始采收。以采收顶球为主。花球浓绿，花球大，单球重 500~700 克。抗病力强。

7．绿慧星

从日本引进的杂交一代品种。适于春、秋季定植，极早熟，春季定植后 40 天采收，秋季定植后 50 天采收。花球浓绿，花枝整齐，品质佳，耐贮性好。适应性强。

8. 绿鼎

从日本引进的杂交一代品种。适于春、秋季定植。春季定植后50天采收,秋季定植后65天采收。以采收顶球为主。主花球较大,高圆形,外观好,色泽绿,蕾粒较细,结球紧实,品质优。单球重350~400克。

9. 魔绿王

从日本引进的杂交一代品种。适于春、秋季定植。春季定植后50天采收,秋季定植后60天采收。以采收顶球为主。主花球大,半圆形,外观好,色泽绿,蕾粒较细,结球紧实,品质优。单球重400~600克。抗细菌性叶斑病、枯萎病、霜霉病和茎枯病。

10. 卓越

从日本引进的杂交一代品种。适于春、秋季定植。春季定植后45天采收,秋季定植后60天采收。以采收顶球为主。主花球大,半圆形,外观好,色泽绿,蕾粒较细,结球紧实,较少空心,品质优良。单球重350~400克。抗细菌性叶斑病、枯萎病、霜霉病、茎枯病。

(二)中熟类型

1. 曼陀绿

从美国引进的杂交一代品种,早中熟,适于春、秋季定植。春季定植后55天采收,秋季定植后60~70天采收。以采收顶球为主。花球高圆形,外观好,色泽深绿,蕾粒细,结球紧实,不易散花,无空心,品质优。单球重250~500克。适应性广,抗病性强。

2. 博爱1号

从美国引进的杂交一代品种，主要用于秋季栽培。秋季定植后72天采收。以采收顶球为主。花球高圆形，外观好，色泽深绿，蕾粒细，结球紧实，不易散花，无空心，品质优。单球重250~500克。主、侧花球兼收型。

3. 未来

从日本引进的杂交一代品种，适于春、秋、冬季定植。春季定植后50天采收，秋、冬季定植后70天采收。以采收顶球为主。花球蘑菇形，饱满紧实，外观好，色泽绿，蕾粒细，不易空心，品质优。单球重400~500克。耐寒性强，经历霜雪后，花球仍能保持青绿。株型紧凑，适于密植，产量高。

4. 秀玉

从日本引进的杂交一代品种，适于春、秋季定植。春季定植后50天采收，秋季定植后75天采收。以采收顶球为主。花球蘑菇形，饱满紧实，外观好，色泽浓绿，蕾粒细，不易空心，品质优。单球重400~600克。抗病性强，适应性广。

5. 英雄

从日本引进的杂交一代品种，晚秋定植佳。秋季定植后约70天采收。花球半圆形，外观好，色泽绿，蕾粒细，结球紧实，品质优。单球重350~500克。

6. 玉皇

从日本引进的杂交一代品种，适于春、秋季定植。春季定植后55天采收，秋季定植后70天采收。花球半圆形，外观好，色泽绿，蕾粒较细，结球紧实，品质优。单球重350~500克。

7. 六铃

从日本引进的杂交一代品种，适于春、秋季定植。春季定植后55天采收，秋季定植后70天采收。花球半圆形，外观好，色泽绿，蕾粒较细，结球紧实，品质优。单球重350~500克。

8. 东京绿

从日本引进的杂交一代品种。定植后70天采收。花球半圆形，较紧实，微紫绿色，主花球直径12厘米左右，蕾粒细，品质优，单球重300克左右。不耐热，对湿度敏感，适合秋植。抗病性强。

9. 绿岭

从日本引进的杂交一代品种。适于春、秋、冬季定植。春季定植后50~55天采收，秋季定植后70~80天采收，冬季定植后65~75天采收。主、侧花球兼收类型。花球浓绿，蕾粒较细，品质优，结球较紧实，单球重300~350克。较抗病毒病和黑腐病。适应性较强。

10. 玉冠

从日本引进的杂交一代品种。适于春、秋、冬季定植。春季定植后50~55天采收，秋季定植后70~80天采收，冬季定植后65~75天采收。主、侧花球兼收类型。花球浓绿，蕾粒较细，品质优，结球较紧实，单球重300~350克。较抗病毒病和黑腐病。适应性较强。

11. 中青2号

中国农业科学院蔬菜花卉研究所育成的杂交一代品种。适于春、秋季定植。春季定植后50天采收，秋季定植后60~70天采收。花球浓绿，较紧实，蕾粒较细。单球重350克。耐病毒病和黑腐病。

（三）晚熟类型

1. 博爱 468

从美国引进的杂交一代品种，中晚熟，适于春、秋、冬季定植。春季定植后 68 天采收，秋、冬季定植后 90 天采收。以采收顶球为主。花球高圆形，表面平整光滑，外观好，色泽绿，蕾粒细，结球紧实，不易空心，品质优。单球重 450 克。耐寒性强。

2. 夏丽都

从日本引进的杂交一代品种。适于秋、冬季定植。定植后 85 天采收。长势旺盛，耐寒性强，主、侧花球兼收型。

三、西兰花生物学特性

(一) 植物学性状

1. 根

西兰花主根明显,须根发达。根群主要分布在10~30厘米的耕作层内。根系的再生能力强,断根后可很快恢复生长。茎节埋在潮湿的土层里容易长出不定根。

2. 茎

西兰花的茎基部细并木质化,从下向上逐渐增粗,节间也逐渐伸长,在茎中上部渐形成粗大的肉质茎。营养生长期茎短缩,约生长20片叶片后抽生花茎。成熟植株茎长20~30厘米,茎粗2.5~5厘米。茎外皮绿色,有蜡粉,光滑而坚硬。粗大的肉质茎既可炒食,又可加工成上乘的腌渍品。

3. 叶

西兰花叶有卵圆形和椭圆形两种。叶片初期呈蓝绿色,后因蜡粉增多逐渐变深蓝绿色,紫色品种茎叶略紫,叶缘波曲,有缺刻,且比花椰菜深一些,叶片比花椰菜薄,比芥蓝厚。叶片较多,早熟品种有21~23片叶,中晚熟品种有24~30片叶。最大叶长可达45厘米,叶宽15~28厘米。叶柄较长,基部有翼状裂片少许,有浅槽,背圆形,中肋粗。每个叶腋都能发生侧枝。

4. 花球

　　花球是由短缩肉质的花茎与密集的花蕾组成的。花球的轴心为肥大肉质的花茎，表层为浓密的花蕾。花蕾有绿色和紫色两种，以绿色最受欢迎。一般花球直径为12~25厘米。主花球采收后，腋芽长出成侧枝，并在侧枝上形成次级花球，次级花球采收后，又可形成二级小花球，如此可连续采收多次，但在生产上一般只采收到次级花球。有的品种侧花球较多、较大，则为主、侧球兼收类型品种，采收期较长；有的品种侧花球较少、较小，则为以采收主花球为主的类型品种，一般不再采收侧球，采收期较短。

5. 花

　　西兰花为复总状花序，萼片绿色或紫色，花冠黄色，4强雄蕊。收获期过后，花梗伸长，花苞膨大，继而开花结荚。

6. 荚

　　荚果为长角果，每个荚果可结10~20粒种子，种子黑褐色，较饱满，千粒重3.4~5.0克，比花椰菜稍大粒些，比芥蓝稍细粒些。西兰花比花椰菜开花结荚容易，却比芥蓝困难，与甘蓝类蔬菜容易杂交，故制种时应注意隔离。

（二）生长发育特点

　　西兰花的生长发育经历发芽期、幼苗期、莲座期、花球形成期、抽枝（薹）期和开花结荚期。

1. 发芽期

　　从种子萌动至第1片真叶显露，需7~10天。在30℃以内，当温度越高，出芽越快，以温度25℃、水分充足时出芽最好，出苗最齐。

2．幼苗期

从第 1 片真叶显露到第 5~6 片真叶展开，需 20~30 天。此期适宜温度白天 20~25℃，夜间 15~18℃。若温度太高，水分过多，光线不足，植株容易徒长。品种熟性及栽培季节影响幼苗期长短，春季及迟熟品种比秋季及早熟品种的幼苗期长些。

3．莲座期

从第 5~6 片真叶展开到植株长到第 15~20 片叶封垄，茎端现 0.5 厘米大小的小花蕾，需 30~45 天。莲座期长短受品种熟性及栽培季节影响，一般早熟品种叶片较少，莲座期较短，在较高的温度及充足的肥水条件下，生长快，比在低温及肥水不足的条件下进入莲座期要短。

4．花球形成期

从小花球出现到花球开始采收，需 20~30 天。较低的温度、较强的光照和充足的肥水有利于花球形成，此期的适宜温度 15~18℃，并需充足的肥水及光照。

5．抽枝（薹）期

从花球松散到开花前，需 20~30 天。

6．开花结荚期

从开花到种子成熟采收，需 75~100 天。适宜温度 15~20℃，阳光充足、肥水均衡的条件有利于开花结荚。食用栽培只需要掌握前 4 个时期，选种、制种则需完成 6 个时期。不同品种及不同气候条件，生育日期也往往不同。

（三）花芽分化的条件

在适宜的温度条件下，植株的叶和茎生长锥感受了调节发育的刺激，不再形成叶原基和腋芽原基，而发生花原基或花序原基，逐渐分化成花或花序，这叫花芽分化。西兰花的花芽分化，要在植株生长到一定大小时，经过一定时间的低温感应后才能完成。不同熟性的品种所需的花芽分化条件是不同的，一般来说，熟性越迟，花芽分化感应的温度要求越低，感应低温的时间越长，感应低温的苗龄也要越大；反之，有些极早熟品种不经过低温也能分化花芽。

形成花球除了必需的低温感应条件外，还要求长日照条件，在16小时长日照下比在8小时短日照下形成花球要早。有些品种在短日照下则不能形成花球。

（四）对环境条件的要求

1. 光照

西兰花属低温长日照蔬菜，喜光照。在充足的光照下，种子发芽良好，植株生长健壮，花球肥大，品质提高，开花结籽良好；在光照不足的条件下，植株徒长，花茎伸长，花球颜色发黄，品质差。但光照过强，花球色泽会变紫，导致质量下降。

2. 温度

西兰花属喜冷凉半耐寒的蔬菜，其耐热性和耐寒性比花椰菜强。种子发芽最低温度4℃，最高温度35℃，适宜温度20~25℃；根系发育的最低温度4℃，最高温度36℃，适宜温度26℃；茎叶生长的最低温度5℃，最高温度25℃，适宜温度20~22℃，高于25℃

时植株易徒长,低于5℃则生长缓慢;花球发育以15~18℃为宜,高于25℃时,花球发育不良,品质差,低于5℃时,花球生长缓慢。植株生长前期要求较高温度,以利于营养生长;后期要求凉爽天气,以促进花芽分化及花蕾的发育。在花球生长过程中,温度骤升或骤降,会使花球畸形,出现羽花球。早熟品种苗期如遇低温,会提早花芽分化而形成小花球,故早熟品种不宜冬季栽培;相反,迟熟品种在高温季节栽培常因温度不够低而不能通过春化以致不能形成花球,故迟熟品种不能在夏季栽培。因此,根据栽培季节,选择适宜品种,安排合适的播种期是非常必要的。

3. 水分

西兰花喜湿润环境,但不耐涝,也不耐旱。其对水分条件的要求为发芽期和苗期需要湿润的土壤,此时抗涝、抗旱能力最弱。进入莲座期,茎叶生长旺盛,叶片蒸腾作用加强,需要水分增多,如此时过分干燥,则会导致叶片狭小、植株生长不良。花球形成期需要更加充足的水分,如果此时干旱,会导致早期出蕾、花球老化、发育不全、产量和品质下降,如果淋水过多、雨水过多或雾雨天持续时间长,则容易引起黑腐病、黑斑病和花球腐烂,因此,保持土壤湿润为好,土壤相对含水量以70%~80%为宜。春季露地栽培的要错开播种期,以避免在梅雨天结球。

4. 营养和土壤

西兰花比较耐肥,对肥料营养要求较严格,既需充足的氮素营养,又需一定水平的磷、钾营养,氮、磷、钾之比为14∶5∶8。西兰花又特别需要硼、镁等微量元素,缺硼常引起花茎中心开裂以及花茎腐烂;缺镁时,叶片黄化,影响光合作用。不同生育期对营养要求亦有所不同,在苗期和莲座期,主要需要充足的氮肥,在花球形成期,除施足氮肥外,还要配合施用磷、钾肥及一定量的硼、镁等微量元素肥料，以促进花球的充分膨大和减少空心茎、软腐病的发生。此期如果偏施氮肥，则会形成毛叶花球，并且会推迟收获。

西兰花对土壤的适应性广，pH 5.5~8.0 的沙土、沙壤土和黏壤土等均可栽培，但以 pH 6.0 左右且有机质丰富、保水力强、排灌性好的土壤为宜。土壤积水或地下水位太高，西兰花易出现根系发育不良或烂根现象，容易发生病害。

四、西兰花适时栽培技术

（一）品种选择

西兰花不同熟性的品种形成花球所需的气候条件不同，因此，应根据栽培季节温度变化来选择适宜的品种，否则，早熟品种在冬季栽培易先期现蕾，迟熟品种或不耐热品种在夏季栽培会迟迟不能结球或易产生毛叶花球。

品种选择总的原则是夏种秋收的要选用耐热、抗病毒病的早熟品种，提前采收的可选用特早熟品种，如里绿等；冬、春季保护地栽培的宜选用耐寒性强、苗期遇低温不易现蕾的中、晚熟品种，如绿岭等；春种夏收的则要选用不易先期现蕾、后期耐热、适应性广的早、中熟品种，如绿王等；秋种冬收的选用品种范围较宽，可选用早、中、迟熟的优良品种，通过合理搭配品种和播期，可达到延长采收上市日期的目的。

另外，要取得较高的经济效益，还必须根据市场需求和用途来选用品种，如就近销售的应选用目前市场上畅销的花球中等大小、

西兰花 菜心节本高效栽培

蕾粒细小紧密、颜色深绿、花枝短、外观好的优质品种；以速冻品远销外地的可选用蕾粒较粗大、花球较大的耐贮运品种。

（二）适时播种

播种期对西兰花的产量及品质均影响很大，在华南地区，最适播期8~9月，产量最高、品质最好的播种期则为8月下旬至9月初，采收盛期为12月下旬至翌年1月上旬。如果提前或推迟播种，不但产量下降，而且会导致早期现蕾、毛叶花球、散球等品质差的花球出现。因此，选准播种期显得尤为重要。

1. 播种期的确定

播种期应根据不同的品种、不同栽培季节、不同栽培方式和苗龄长短来决定。最准确的播种期是将花球形成期安排在最适合花球形成的时期内，即平均气温15~18℃的时期。西兰花苗龄一般30天左右，夏、秋季播的苗龄较短，冬、春季播的苗龄较长，人为的播种期则为定植期减去苗龄，即定植期往前推30天左右。亦可根据产品供应时间来提早或推迟播种期，但反季节栽培的产量低，并要采取保护设施或在特别气候地区进行育苗及栽培。

（1）夏、秋季播种

在华南地区，夏、秋季播种是西兰花最适宜播种时期，也是生产上应用最多的季节。播种适期为7月下旬至10月上旬。为了提早上市，可选用耐高温的早熟或极早熟品种，将播种期提前到6月上旬，并采用遮阳降温的方法育苗和利用山区冷凉气候条件种植，采收期可提前至9月。在华南地区，冬闲田生产西兰花的播种期为9月下旬至10月上旬，即在水稻收获前30~40天抓紧播种，但不要迟于10月中旬播种，11月下旬定植。

（2）冬、春季播种

冬、春季播种期一般为 11 月至翌年 3 月，冬天要在温室内育苗。其中 11~12 月播种的宜选择中、迟熟品种，那些苗期遇低温会早期现蕾的早熟品种不适宜在此期播种。2 月至 3 月初播种的，由于植株生育期短，应选择早熟、耐热、采收顶花球的专用品种。春种最早露地定植的临界温度为 10℃左右，因此，早春露地栽培的要以当地气温稳定在 10℃左右时向前推 40~55 天播种为宜。

2. 播种方式

西兰花播种方式依各地习惯及生产需要有苗床或育苗盘撒播和营养杯点播两种方式。一般，北方多采用苗床或育苗盘撒播，南方多采用营养杯或育苗盘点播，特别是夏季反季节育苗更适宜用营养杯点播，以提高成活率和提早上市。苗床或育苗盘撒播的需假植，假植的作用主要是扩大秧苗的营养面积，防止形成高脚苗和徒长苗及延长苗龄，但工作量较大，且高温条件下假植成活率较低。营养杯或育苗盘点播的不需假植，可节省种子和人工，但需及时疏苗，否则易徒长和产生高脚苗。

（三）育苗技术

西兰花育苗技术是指利用苗床或营养杯培育秧苗，是生产中的首要环节，是栽培过程中的一项重要技术措施。育苗的目的是培育壮苗，为延长西兰花最适宜的生长时期、提早采收、高产打下良好的基础。同时，育苗还可提高土地利用率，节省用种量，节约成本，方便管理和长距离运输。工厂化育苗更加突显这些优势，在广州等地，已进行集约化、较大规模的工厂化育苗生产，为农民直接提供了西兰花优质壮苗，减少了农民的生产环节，节省了人工和时间，取得了显著的经济效益和社会效益。

1. 苗床或营养钵的准备

苗床是秧苗生长的场所,应选择地势高、排灌方便、土壤通透性和持水性好、上茬未种甘蓝类蔬菜、地下害虫少的地方。夏、秋季播种的还应选择阴凉的地方育苗。制床时,畦的宽度以方便操作和提高床土的利用率为宜,一般为 1.5~1.8 米。苗床应高出地面,在苗床四周应开排水沟,以防苗床积水。如果作为播种床,则应在原有的床土上均匀填上 5~10 厘米厚的营养土;如果作为假植苗床,则应填上 15~20 厘米的营养土;如果需铺设电热线,也应在制作苗床时进行。苗床中若放置营养杯则不填营养土,只需在营养杯中装入九成满的营养土即可。播种或假植前几天可进行床土消毒,方法是用 37% 的甲醛 100 倍液喷洒苗床,然后用地膜覆盖密闭,4~5 天后揭膜,待甲醛挥发后即可使用。

2. 营养土的配备

营养土是幼苗生长发育所需的营养来源,其质量优劣直接关系到幼苗生长状况、好坏和能否苗壮成长。因此,应选择疏松肥沃、保水性和透水性强、通气性好、无病菌虫卵及杂草种子、中性或微酸性土壤配制营养土。

(1) 营养土的配制

营养土可因地制宜、就地取材进行配制。基本材料是泥土、腐熟有机肥、灰粪等。泥土最好选用长期受水浸的少病虫污染的肥沃土壤,如鱼塘泥、水田泥。配制前,捞起晒干备用。如用菜园土,则应选择 2~3 年未种过甘蓝类蔬菜的疏松肥沃的耕层土壤。有机肥可选用腐殖质、厩肥、草木灰、人粪尿等,但必须充分腐熟后才可使用。营养土配制比例一般为:泥土约 70%、有机肥 25%~28%、过磷酸钙 2%~3%。

(2) 营养土的消毒

为彻底消灭营养土中的病菌和虫卵，一般要进行堆制消毒。具体方法为：充分混合均匀所有原料后，用37%的甲醛（福尔马林）100倍液喷洒于营养土上，然后用塑料薄膜盖严实，最少密闭3天，以充分杀菌。在播种前15天左右揭开塑料薄膜，翻动泥土，让药气散开。

过筛后调节营养土pH6.5~7.0，若过酸，可用石灰调整，若过碱，可用稀盐酸中和。经处理后的营养土即可铺于苗床或装于营养杯中。

由于工厂化育苗需要大量的优质营养土（基质），为满足这种需求，一些专门生产优质营养土（基质）的工厂也应运而生，这些专用营养土（基质）是经过科学的配比、严格的消毒制成的，为培育壮苗提供了更加有利条件。

3. 播种技术

西兰花播种技术的关键是掌握播种量、播种密度、播种均匀度和播种深度等。

（1）播种量

为了保证有足够的秧苗供大田生产而又不浪费种子，必须算准播种量。西兰花的种子用量的计算方法为：

种子用量（克/亩）=[（每亩苗数 + 每亩苗数 × 安全系数）×（种子千粒重/1 000）] ÷ 发芽率

例如，西兰花每亩栽种3 000株（亩为废除单位，1亩=1/15公顷≈666.67米^2），种子千粒重约5克，安全系数设20%，若发芽率为85%，则每亩用种量为[（3 000 + 3 000×20%）×（5/1 000）] ÷ 85% = 21（克）。

（2）播种密度

播种密度是指单位苗床面积的播种量，常用克/米^{2}来表示。播种密度直接影响到幼苗的素质。如果播种过密，秧苗在出苗时或出苗后往往相互拥挤，通风透光不良，容易引起徒长，并容易诱发病害，但是播种过于稀疏，则苗床利用率太低，造成浪费。适宜的播种密度是在移苗或定植时秧苗有足够的生长空间，相互之间不拥挤。每平方米苗床的播种量一般为5~10克，或每个营养杯一般播2~3粒种子。具体播种密度可根据移苗时作适当的调整。每亩需播种苗床面积4~5米^2，假植面积35~45米^2。

（3）播种均匀度

西兰花种子比较小，从播种到发芽的时间短，一般不用浸种催芽，以干种播种较常见。为保证出苗整齐和防止高脚苗，播种要均匀。方法为先将种子与干细土或草木灰搅拌均匀，然后播种。

（4）播种深度

为了提高发芽率和出苗整齐，播种前要将营养土打细碎并弄平整，还要先浇透水再播种。种子播好以后，盖上约0.5厘米厚的松软腐殖土，以盖住种子为宜。如果盖土太厚，种子难出土，容易形成高脚弱苗或烂种；如果盖土太薄，则种子胚根外露，容易倒伏或失水死亡。

为保持湿润和避免淋水时冲刷种子，覆土后还要加盖纱网或稻草，再淋足水，冬、春季播种的还要加盖塑料薄膜保温。

4. 苗期管理

西兰花的苗期管理是育苗技术的关键环节。苗期管理，就是根据幼苗生长发育特点，采取一系列的技术措施来满足不同阶段幼苗生长发育所需的温度、水分、光照和养分等条件。不同阶段幼苗生长发育要求的环境条件不相同，因此，不同阶段的管理侧重点亦不相同。

（1）出苗期管理

出苗期指播种到分苗这段时期，根据幼苗生长特点又可分3个阶段：

①播种到胚芽出土阶段。出芽阶段主要要提供充足的水分和较高的温度条件，以保证出芽快、齐、全。该阶段有利于出芽的适宜温度25℃，当温度低于15℃时，出芽缓慢，高于30℃时，出芽弱小，容易倒伏。因此，寒冷的冬、春季需在温室里播种，进行保温或增温育苗，夏、秋季播种的则需搭凉棚进行降温育苗。播种后浇足水并加盖稻草或遮阳网或塑料薄膜保湿。夏、秋季播种因气温高，则不适宜加盖塑料薄膜，但每天早、晚要各喷洒水1次，以保持土壤湿润。一般播种后3天可陆续出芽，待30%的种子胚芽露出土面时，揭掉覆盖物。

②子叶出现到第1片真叶露心阶段。露心阶段则应适当控制水分和降低温度，防止形成高脚苗。温度一般下降4℃左右，以20~22℃为宜。

③真叶露心到分苗阶段。此阶段要及时间苗，适当降温，并进行通风透光，以防止幼苗徒长和倒伏。此时适宜的温度白天20~25℃，夜间15~18℃。若播种过密，应及时间苗，将过于拥挤或生长不良的弱小秧苗拔除，并适当加强光照，防止徒长现象和猝倒病的发生。

（2）分苗（假植）

一般播后15天左右，当幼苗长至2~3片真叶时进行分苗（假植）。分苗的作用是防止幼苗徒长和促进齐苗。在冬季和早春育苗的分苗前3~4天应通风降温进行炼苗，以提高成活率。分苗前1天，先将育苗床浇透水，以便在起苗时减少伤根。起苗后将幼苗按6~8厘米^{2}移栽至分苗床。移栽前，先在分苗床每个土方中间用手指或圆棍扎一小眼作为分苗孔，淋水至见湿见干时再栽植。栽植宜浅，苗周围用细干土封眼。有条件的最好直接移入营养杯或育秧

盘。移苗后及时浇足稳根水，使根系与土壤紧密接触，促进缓苗。营养杯播种的不需进行假植，但若苗过密，要及时间苗，保证育苗床通风透光良好。夏季分苗在傍晚进行，边移苗，边浇水，边遮阴。分苗后注意盖遮阳网降温和防雨。

（3）分苗后管理

分苗后管理的中心环节为：移苗至缓苗前应控温、保湿，以提早缓苗；缓苗至成苗前应改善光照、营养等条件，并在定植前适当进行炼苗，预防徒长或病害，以培育壮苗。寒冷季节可采用小拱棚盖膜增温，3~4天后浇缓苗水；炎热季节需遮阳降温，每天早、晚各洒水1次，以保湿、降温。缓苗后为防止徒长，改在每天早上浇水1次。缓苗后3天，应浇1次稀薄的人粪尿，以促进幼苗生长。定植前1周再浇1次粪水，以供定植后幼苗恢复生长之需。苗期肥水管理应根据苗的生长情况来调控。如果苗弱，生长慢，则需加强淋水和施肥；如果苗生长过快、徒长，则需减少淋水、施肥量和增强通风透光。为预防病虫害的发生，一般在苗期喷药1~3次，喷药可安排在分苗前3天和缓苗后5天、定植前3天进行。

5. 苗期易出现的问题及其防止方法

（1）烂种、不出苗或出苗不整齐

主要原因是温度过高或过低，难以发芽；或水分过多，造成土表板结，不透气沤种；或播种太深、播种不均匀、不及时揭开覆盖物。因此，要掌握正确的播种方法，并做好控温、控湿工作，及时揭开覆盖物。

（2）幼苗徒长

秧苗徒长不仅会降低产量，延迟成熟，而且容易诱发病害。引起徒长的主要原因是光照不足和温度过高，尤其是夜间温度过高，呼吸消耗了过多的养分。此外，氮肥和水分过多、播种过密、揭盖不及时、移苗不及时等也容易引起秧苗徒长。防止秧苗徒长的方法主要有：

①播种不宜太密，以免出苗后幼苗拥挤，出现高脚苗。

②及时揭掉地面覆盖物。

③及时间苗、假植和定植。出苗后及时间苗，一般应间苗2~3次。在秧苗具二叶一心时即应分苗（假植），假植的密度控制在每平方米120~150株为宜。

④加强通风透光，降低温度和湿度，进行低温炼苗，控制秧苗的过度生长。

⑤合理进行肥水管理。营养土的配备，应注意磷、钾肥用量，控制氮肥用量。需要追肥时，不能偏施氮肥。

⑥及时排稀秧苗，当出现过度拥挤时，应适当移动秧苗，使大小秧苗分开，增加单株的营养生长面积。

（3）冻害

主要原因是在寒冷的天气里浇水过多导致土温急剧下降、床土湿度过高、秧苗含水量增加，以致发生冻害。在冬、春季育苗应尽量少浇水，加强通风，降低苗床湿度。一般在播种时浇足底水后直到幼苗分苗前才需淋水。

首先要加强低温炼苗，特别要控制较低的夜温，保持一定的昼夜温差；其次要增加秧苗的受光时间和提高光照强度，增强秧苗的光合作用。在定植前7~10天，要进行低温炼苗，控温控水，提高秧苗对低温的适应能力。另外，注意合理配制营养土，避免过多施用氮肥，造成秧苗徒长。

（4）药害

西兰花秧苗柔嫩，耐药性能差。农药选择不当、浓度过高、配制不均、喷药时间不当、施用量过多均会产生药害。因此，要根据不同的病虫害对症下药，浓度要适当，配制时搅拌均匀，喷施雾点细而均匀，不能集中局部地点长时间喷，以叶片上有水滴下即可。如发现喷施浓度过高，应立即补喷清水，避免发生药害。冬、春季喷药宜在上午通风 1~2 小时后进行，严禁晴天闷棚时喷药，夏、秋季喷药宜在凉爽的傍晚进行。

（5）肥害

产生肥害的主要原因是营养土配制不当、氮肥过量、有机肥未腐熟或追肥浓度过高。应合理配制营养土，使用腐熟有机肥，掌握适宜的追肥浓度。如追施尿素时，控制尿素水的浓度在 0.05% 内，并随后洒清水。追肥宜在晴天早上或傍晚进行。

（6）草害

防止草害的方法首先是严格堆制营养土，抑制杂草种子萌发。另外，一旦发生杂草，应立即拔除。

（7）苗期病虫害及其防治

苗期的病虫害防治参见本书西兰花主要病虫害及其防治部分。

（8）优质苗的特征

优质苗可用两方面的指标来衡量，一是形态指标，即长相；二是生理指标，即适应力。西兰花移植时优质苗的形态指标为：植株健壮，叶片完整无损，无病斑，无虫害，叶色绿，叶柄短粗，节间短，根系粗壮、洁白、须根多，真叶数 5~6 片。生理指标为：秧苗挺拔，生长旺盛，抗逆性和适应性较强，移苗或定植后能迅速恢复生长。优质苗的特征即为形态指标与生理指标的总和。

苗龄是优质苗标准中的一个重要因素。苗龄有绝对苗龄和形态苗龄之分，绝对苗龄是指从播种到秧苗定植大田的绝对时间，而形态苗龄是指秧苗外部形态特征，即有几片真叶。

（四）土壤选择

西兰花对土壤的适应性较强，但以有机质丰富、土壤深厚、保肥保水力强、排水良好、呈中性或微酸性的土壤为宜。连作易产生病虫害，应选择 3 年以上未种植过甘蓝类作物的田地，最好与水稻或其他水生作物轮作。在前作收获后,抓紧时间深翻、晒白土壤,以利于增加土壤的通透性和减少病虫害。

(五)整地与施肥

定植前7~10天再翻耕、整地。西兰花根系发达,土壤要进行深耕,基肥亦要深施、多施。亩施腐熟的厩肥1 500~2 000千克,过磷酸钙30千克,复合肥25千克(或豆饼100~150千克,或毛肥150千克)。整地起畦,我国南方雨水多,宜起龟背状高畦,畦沟深30厘米左右。种双行者,畦宽1.2~1.5米(包沟);种3行者,畦宽1.7~1.8米(包沟)。在行间开深沟埋施基肥。

(六)定 植

1. 定植前的准备

定植前7天开始炼苗。夏、秋季播种育苗的进行高温炼苗,即在早上和下午揭去遮阳网,逐渐增加光照时间和强度,提高幼苗光合作用。冬、春季播种育苗的则进行低温炼苗,即在中午晴天时揭去塑料薄膜,适当通风降温,提高幼苗的耐寒能力,使幼苗在定植时有较高的适应性和抗逆性,为定植后尽快缓苗做好准备。定植前3天喷1次杀虫剂和1次杀菌剂,保证缓苗期不感染病虫害,提高定植成活率和提早缓苗。定植前1天或半天淋透苗床,以减少起苗时对根系的伤害。

2. 定植密度

依栽培季节及品种来确定定植密度。早熟品种生长势中等,株型较小,宜适当密植,每亩定苗2 700~3 000株,株距40~45厘米,

行距50~60厘米；中熟品种株型中等大小，每亩定苗2 300~2 700株，株距45~50厘米，行距50~60厘米；迟熟品种生长势强，株型大，要适当稀植，每亩定植2 000~2 500株，株距50~55厘米，行距55~65厘米。夏、秋季栽培或春、夏季栽培的因气温过高或过低，植株生长势不强，宜适当密植，而秋、冬季栽培最适合西兰花的生长特点，植株生长势旺，宜适当稀植。

3. 定植方法

适宜定植的幼苗苗龄30天左右，具5~6片真叶（春播的苗龄大些，35~45天，具6~7片真叶）。定植时要剔除弱苗、病苗，要带完整的土坨，小心定植，栽种宜浅，以不埋住第1片真叶为宜，以大田干土定植为好。选择晴天午后或傍晚定植。春季如果定植太早，遇低温时，幼苗易徒长、老化，缓苗慢，将导致现蕾过早、花球细小。因此，早春定植应铺地膜，并在户外气温稳定回升到10℃时才定植；秋季定植要覆盖遮阳网降温，促进早日缓苗。定植后要淋足定根水，使苗稳扎于土中，早日恢复生长。

4. 提高幼苗成活率的措施

定植后幼苗成活率主要受温度、水分、光照、幼苗的质量、定植方法、病虫害等的影响。提高幼苗成活率的有效措施为：

①培育壮苗。

②定植前要炼苗，并杀虫、杀菌1次。

③掌握正确的定植方法。

④加强缓苗期管理，避免高温高湿，将温度控制在22~25℃。夏、秋季可用遮阳网覆盖降温，除早、晚各淋1次水外，还要视情况在上午11：00左右淋1次过午水；早春用地膜覆盖保温，适当控制水分，以土壤湿润为好。

（七）田间管理

田间管理是夺取高产的重要环节，应根据西兰花的生长发育要求进行。整个生长发育期注意肥水均衡，追肥要"前促、中控、后重"，及时排水防涝，保持土壤湿润，及时防治病虫害。

1. 缓苗期管理

此期管理主要是提供适宜的温度和水分，以促进早缓苗。夏、秋季除用遮阳网搭棚遮阳降温外，早晚还需各淋水1次，以降温、保湿。早春则用地膜覆盖保温，控制温度在22~25℃，保持土壤湿润即可。另外，注意防止地下害虫咬断幼苗，防治方法是在定植时将毒饵（制作方法详见本书第45页地下害虫防治方法）均匀地撒在土表上。定植后7天左右，植株开始长出新根。为促进植株生长，同时每亩追施尿素5千克，有条件的最好薄施1次人粪尿，定植10天后即可恢复生长。

2. 莲座期管理

此期为西兰花营养生长旺盛期。花球大小与植株大小关系密切，为提早采收和提高产量，此期必须提供充足的肥水，使茎、叶快速生长，争取在现球前形成足够的叶数（16~17片叶）和肥大的叶，为以后形成花球打下营养基础。此期应结合中耕进行除草、培土和施肥。追肥可分2次进行。第1次在植株开始迅速生长前（定植后约15天），可用锄头铲松表土，除草后，再用小锄头在株间开穴施入尿素，亩施15千克；第2次追肥在植株封垄前，当植株心叶开始呈拧心状时（定植后约30天），结合中耕培土施入，方法是在行间开浅沟，将肥料施入后培土埋住。培土的主要作用为防止肥料流失，促进主茎基部萌发不定根，增强对营养的吸收，促进生长发育，防止倒伏。此次追肥非常重要，每亩追施复合肥20~25千克、

豆饼 25 千克或花生麸 25 千克。前期淋水要充足，以满足植株快速生长发育之需。当植株团棵后，适当控制浇水，以促进根系的发育。此期发生的侧枝应及时摘掉，以促进主花球的形成。并要注意防治病虫害，暴雨后应喷杀菌剂以预防病害的发生及病菌的蔓延。

3. 结球期管理

此期为营养生长转化为生殖生长的时期。如果偏施氮肥，则影响生殖生长的转化，常出现营养生长过旺，引起花球中间长出小叶的毛叶花球和黄花球出现。为促进营养生长向生殖生长的转化，以利于花球的形成，要注意控制氮肥的施用，配施磷、钾肥，添施硼、钼等微量元素肥料。在花球形成初期（定植后 40~50 天），重施 1 次氮、磷、钾肥，以满足花球充分膨大所需。方法是用小锄头穴施，每亩施磷酸二氢钾 15 千克、复合肥 15 千克。为减少花球表面黄化和花茎空洞、延迟衰老，在花球形成期叶面喷洒 0.5% 硼砂和 0.5% 钼酸铵溶液，每 7 天 1 次，连续 2~3 次。当花球采收后，为了促进侧花球的生长和发育，还应进行追肥。整个花球形成期，田间土壤应注意保持湿润，以满足花球膨大对水分的需要。注意及时摘除病叶、老叶，兼收侧花球栽培的每株留健壮侧花枝 3~4 个，其余的侧花枝宜摘掉。并应及时防治病虫害，特别是小菜蛾的为害。

4. 盛收期管理

此期注意控制田间的湿度，防止湿度过大引发病害和导致花球霉烂。及时摘除病叶、老叶，以利于通风透光、增强光合作用、促进养分向花球的积累。遇酸雨或大雾天气时，应及时洒水，冲走雾水及酸雨，以减少花球腐烂。兼收侧花球栽培的还应在主花球采收后追肥 1 次，每亩施入复合肥约 15 千克。

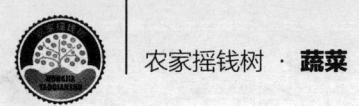

（八）适时采收

1. 采收适期的确定

西兰花的适宜采收期较短，要适时采收。若采收过迟，花球松散，花蕾变黄，影响品质，特别是在高温期，如不及时采收，花蕾黄化，就失去了商品价值；若采收过早，花蕾没有充分发育，花球小，产量低。应在花球充分膨大、花蕾粒整齐、颜色一致、不散球时采收，此时采收的产量最高，品质最好。当手感花蕾粒子开始有些松动或花球边缘的花蕾粒子略松散时，花球表面紧密、平整、无凹凸时为采收适期。选择晴天的清晨或傍晚采收。

2. 采收方法

为延长花球的保鲜时间，在采收前1~2天应淋足水。采收时将花球连同长10厘米左右的肥嫩花茎一起割下，可使花球继续从肥嫩花茎中吸收一些水分，补充因蒸腾作用而损失的水分，这样可提高产品质量和产量。采收时注意轻放，避免机械损伤。采收时注意刀口斜切，避免伤口积水引起腐烂。顶、侧花球兼用型的在主花球采收后，选留健壮侧枝4个左右，待侧花球长到直径5厘米左右时再采收。

采后注意事项：避免阳光直射花球，应将花球及时放在避光阴凉的地方；尽快包装上市，运输过程中轻放、轻运，尽量减少机械损伤；未能及时上市的需迅速进行低温贮藏。

五、西兰花反季节生产技术

由于受气候条件的影响,每年都有春、秋季两个蔬菜供应淡季,在淡季市场上出现供应不足、品种单调、菜价上涨的局面,影响了市民的生活。因此,发展反季节蔬菜生产,增加淡季上市量及花色品种,实现周年均衡供应及出口创汇,具有十分重要的意义。

反季节蔬菜生产是指在一般地区因气候等条件限制而无法正常栽培的季节内,利用特殊环境资源或采取保护性设施进行蔬菜生产。与正常季节的蔬菜生产比较,反季节蔬菜的栽培及上市期比正常的栽培及上市期提前或延后,从而达到周年生产、均衡供应、淡季市场畅销、获取高效益的目的。故反季节栽培实质上是提前或延后栽培。

(一) 反季节栽培应具备的条件

1. 气候条件

造成西兰花春、秋季两个供应淡季的主要原因是大多数地区冬、春季严寒湿冷的气候和夏季炎热高温的天气,不适宜西兰花的栽培,以致无法上市供应。因此,进行反季节栽培的地区首先要具备冬、春季表现相对温和的气候条件或夏、秋季表现温凉的气候条件。冬季具有温和气候的有广东的西南部地区和海南省等地,夏、秋季具有温凉气候的有海拔400米以上的山区,如广东北部山区、云南昆明等地。

无上述反季节气候条件的地区,要进行西兰花反季节生产,需采用保护性及半保护性的设施。

2. 品种条件

反季节栽培另一成功的条件是必须具有适宜反季节栽培气候特点的品种。适于夏、秋季反季节栽培的应具备早熟、耐热、抗病性强的特点,适于冬、春季反季节栽培的品种应具备适应性强、耐寒、耐湿的特点。

3. 栽培技术条件

反季节栽培比正常季节栽培难度要大,要求有过硬的栽培技术,必须因地制宜,为保证增收节支创造必备的技术条件。

4. 市场条件

反季节生产投入成本较大,但产量较低,风险较大,因此,必须具备良好的产品销售渠道,才能有明显的经济效益。对保护性、半保护性设施的反季节生产,还必须具备较大的成本投入条件。

(二) 反季节栽培的类型

1. 利用夏季凉爽的山区气候资源类型

一些高海拔的山区,夏秋季具备适宜西兰花生长发育的凉爽气候条件,因而成为西兰花夏秋季反季节栽培的理想地。云南昆明、广东北部山区和其他高寒山区已成为西兰花夏、秋季反季节栽培的重要基地,产品远销海外和国内各大中城市。

2. 利用冬季温暖的南方气候资源类型

广东西南部和海南等地,冬、春季气候温暖,阳光充足,几乎无霜冻出现,是冬、春季天然的大温室,适合西兰花冬季反季节栽培。这些基地生产的西兰花已成为广州、香港、澳门等地蔬菜市场的畅销品。

3. 利用保护性、半保护性设施调控气候的类型

该类型具有防御不利自然条件、高产、优质、提早上市等特点，但投入成本高。一般要有良好的销售渠道才采用此类型。

（三）反季节栽培技术

1. 品种选择

早熟品种在苗期遇低温容易发生早期现蕾现象，而冬季反季节栽培的气候特点为苗期（前期）温度低，后期温度高，因此，冬季反季节栽培不能选择早熟品种，否则会造成先期现蕾现象，但亦不能选择迟熟品种，因为迟熟品种在低温下才能结球，但其生育期长，结球期将会遇上较高的气温，从而不能结球或形成松散的或毛叶花球。因此，冬季反季节栽培既不能选择早熟品种，又不能选迟熟品种，应选择适应性强、耐寒、较耐热的中熟品种，如绿岭、玉冠。相反，夏、秋季反季节栽培整个生育期处于高温条件下，而且夏、秋季反季节栽培的目的是提前上市，因此，应选择早熟、耐热、抗逆性强的早熟品种，如里绿。

2. 栽培日期的确定

西兰花夏、秋季反季节栽培的目的是提早上市或应节上市，栽培日期的安排应尽可能提前或根据产品上市时间进行。夏、秋季反季节栽培的，海拔越高的地方播种期可提早，在5月下旬至7月在保护地内进行播种育苗；计划在国庆节上市的，可安排在7月初播种，8月初定植。冬季反季节栽培的，一般播种期为11月至翌年

1月；计划在春节前后上市的，可安排在11月初在温室中进行播种育苗。

3. 育苗技术

除掌握正常季节栽培的育苗技术外，反季节栽培还应采用如下几点育苗技术措施：

（1）采用保护性设施育苗

①夏、秋季育苗。幼苗伤根后在高温下容易脱水，从而难以恢复生长，因此，为减少起苗伤根，提高移植成活率，夏、秋季育苗不适宜采用苗地撒播和假植，应用营养杯点播。

②冬季育苗。为避免过低的温度造成冻害和先期抽薹，冬季反季节栽培必须采用温室保温育苗。为避免淋水引起土温急剧下降，苗期应注意控制淋水次数和淋水量。

（2）加强管理

夏、秋季气温高，阳光强烈，常有暴雨，为提高幼苗成活率和培育壮苗，夏、秋季反季节栽培必须选择通风好、地势高、排水好的地块，搭建遮阳棚进行育苗。遮阳棚的遮光率以50%~75%为宜。为保证遮阳棚通风凉爽，遮阳棚顶需离地面50厘米以上。播种出苗后，可浇地下水降温，通常在早晨、中午11：00左右、傍晚各淋1次水，淋水量以土壤湿润为宜。

还要及时疏苗和补充肥料，以防止幼苗徒长。幼苗长出第1~2片真叶后应追施少量氮肥，一般淋施0.05%~0.1%的尿素溶液，每隔5天1次。苗期虫害较多，特别是菜青虫、小菜蛾，需及时喷杀，但应选择晴天傍晚喷药，以免烧苗。

（3）合理控制苗龄

在高温下，苗龄过长易导致定植后植株矮小、生长势弱、早期现蕾等问题。实践表明，苗龄以控制在25~30天具4~5片真叶为宜。

4. 定植

定植前 7~10 天进行炼苗。夏、秋季育苗的早、晚揭开遮阳覆盖物接受阳光照射，提高幼苗对高温的适应能力。冬季育苗的在晴天中午通风降温，使幼苗逐渐适应室外的低温环境，以提高移植成活率。每天进行炼苗的时间可逐渐延长。定植后浇足定根水，并保持土壤湿润。夏、秋季定植的必须拉遮阳网和早、晚各淋水 1 次降温。冬季定植的则适宜在中午气温较高时淋水，每次淋水量不宜多，以土壤湿润为宜。种植密度可比正常栽培季节密些，一般株距 35~40 厘米，行距 50 厘米，每亩 2 400~3 000 株。

5. 田间管理

与正常栽培季节比较，反季节栽培的生育期短，环境条件较差，而西兰花的植株大小与花球产量关系密切。因此，在田间管理上，要求施足基肥，及时追肥，促进早返青，快生长。

（1）施肥

为促进植株在花球形成前形成足够的营养面积，除施足基肥外，还要早追肥，勤追肥。第 1 次追肥在返青时，定植后 5~7 天进行，以氮、钾肥为主。为提高肥效，快速生长，肥料应溶于水后淋施。亩施尿素 3.0 千克，氯化钾 1.5 千克。以后每隔 5 天 1 次，施肥量逐渐增加。现蕾期施肥量最多，一般亩施复合肥 10 千克、氯化钾 6 千克。初收期施肥量开始减少，亩施复合肥 6 千克、氯化钾 3 千克。对主、侧花球兼收栽培的，在主花球采收后还需继续追肥。为促进花球发育，防止空心茎花球产生，花球期还需叶面喷施硼砂，可将硼砂稀释为 0.1% 的溶液进行喷洒，喷至叶面滴水即可，每隔 7 天 1 次。

（2）淋水

夏、秋季气温高，蒸腾作用大，一般需早、晚淋水，这样既可提供充足的水分，又可适当降温。生长前期可在上午 11∶00 左右淋1次过午水,生长后期则不宜在中午淋水,以免高温、高湿导致发病。相反,冬季气温低,为避免淋水引起土温急剧下降,则应在中午前后淋水。

结球期切勿干旱,以免抑制花球的形成,导致产量下降,但大雨后要及时排水,切勿积水,并及时喷杀菌剂,以预防病害的发生及抑制病菌的蔓延。

(3)中耕、除草

地面由于农事操作或雨水的冲击引起板结,不利于根系的生长。因此,封垄前一般视情况进行中耕、除草,并在土壤干湿适中时结合施肥中耕培土2~3次,中耕时注意避免伤害叶面。

六、西兰花主要病虫害及其防治

(一)主要病害及其防治

1. 猝倒病

(1)症状

猝倒病为苗期病害,常发生在秧苗出土后至真叶尚未展开的这段时期。染病幼苗茎的基部出现水渍状病斑,然后继续绕茎扩展,逐渐缢缩呈细线状,于是幼苗的地上部分因失去支撑力而倒伏地面,故称猝倒病。苗床湿度大时,在病苗或其附近床面上常密生白色棉絮状菌丝。

(2)发病条件

猝倒病是真菌性病害,病菌随病残体在土壤中越冬,能借助雨

水或灌溉水传播到苗床中，一般从茎基部侵入幼苗。该病菌喜高温（34~36℃），但在8~9℃下也能生长。在阴雨天气、光照不足、幼苗生长不良等情况下，发病严重。如遇寒冷侵袭，而又不注意通风，则将加剧猝倒病的发生。

（3）防治方法

①确定适宜的播种期，适当稀播，加快幼苗增粗速度，以提高植株抗病能力。

②床土消毒。育苗用的营养土必须经过长期堆制，并用福尔马林密封消毒。处理方法见前面营养土配备部分。另外一种消毒方法为播种前将苗畦浇1次透水，待水渗下后，用1/3的药土铺底，播后，再把其余2/3药土覆盖在种子上，种子夹在药土中间，然后淋水至畦面湿润为宜。每平方米用50%多菌灵和80%大生可湿性粉剂等量的混合剂8~10克与30千克细土混合的药土。

③种子消毒。种子消毒方法有温汤浸种、药液浸种和药粉拌种3种。温汤浸种时，水温为55℃，浸泡10~15分钟，浸种时需要不断搅拌。药液浸种常用的药液有1%高锰酸钾、10%磷酸三钠、1%硫酸铜、稀释100倍的福尔马林溶液等。药液浸种需5~10分钟，浸种后晾干种子即可播种。药粉拌种常用的药剂有五氯硝基苯、敌克松、多菌灵、克菌丹、拌种双等，药剂的用量约为种子重量的0.4%。为了使药剂与种子能混合均匀，可先将药粉与适量的中性石膏粉、滑石粉或干细土混合，然后与种子拌匀。采用药粉拌种必须用干种子，拌好药粉后立即播种，以免产生药害。

④加强苗床管理，避免低温、高湿情况出现。在出苗后及时拆除覆盖的塑料薄膜及稻草，并进行通风降温、降湿。及时间苗和移苗，移苗时注意不伤及茎部，以免造成人为伤口引起病菌侵染发病。移苗成活后，加强光照，培育壮苗。

⑤发病后及时用药进行防治，可用70%赛深可湿性粉剂600倍液、75%百菌清可湿性粉剂600倍液、50%多菌灵可湿性粉剂

600倍液、40%五氯硝基苯500倍液或64%杀毒矾可湿性粉剂500倍液等进行防治。如果是阴雨天气，苗床潮湿，则可用干药土撒于苗床上。药土可用75%百菌清可湿性粉剂拌土，如果没有药土，可撒草木灰或清洁的干细土。

2. 立枯病

（1）症状

立枯病与猝倒病的主要区别之一是立枯病不仅能在幼苗期发生，而且在成株期也会发生。另一个区别在于发病症状方面。立枯病发生后，病苗的茎基部变褐，若干天后病部收缩细缢，茎叶萎垂枯死。如果是稍大的苗发病，起初在白天出现萎蔫，夜间恢复，但当病斑绕茎一周时，秧苗直立枯死，前期一般不倒伏，故称立枯病。开始呈现椭圆形暗褐色斑，并且是同心轮纹及淡褐色蛛丝状霉，这也是与猝倒病的一个重要区别。

（2）发病条件

立枯病的病菌可在土壤中越冬，病菌能直接侵入秧苗，并通过水流、农具传播。病菌生长的适宜温度24℃，最低温度13℃，最高42℃。一般播种过密、不及时间苗和移苗、苗床温湿度过高等均容易诱发病害。

（3）防治方法

①苗床和营养土消毒。可用40%拌种双粉剂，也可用40%五氯硝基苯与福美双按1∶1混合，用药量每平方米约8克，处理方法见猝倒病防治。

②种子消毒。常见的方法有温汤浸种和药粉拌种。具体方法见猝倒病防治。

③加强苗期管理，主要是及时间苗和分苗，及时通风透光，降低苗床温湿度。

④发病初期可用80%大生可湿性粉剂600倍液、20%利克菌

1 200倍液、36%甲基硫菌灵悬浮剂500倍液或5%井冈霉素水剂1 500倍液等进行防治。一般每平方米苗床用药液2~3升，每隔7天喷1次，连续2~3次。

3．病毒病

（1）症状

感病苗心叶呈明脉或叶片失绿，或产生深浅不匀的斑驳，多为花叶，严重时心叶畸形。受害植株叶片呈明显的花叶症状，严重时皱缩、叶脉坏死、植株矮化，甚至死亡。

（2）防治方法

病毒病大多由种子带毒或蚜虫传播引起，目前没有很好的药剂防治，可采取综合防治措施，以预防为主。

①种子消毒，如用55℃温水浸种15分钟。

②选用抗病品种，避免连作，培育壮苗，培育健壮植株，干旱季节勤浇水，防止高温暴晒。

③及时防治蚜虫，方法见蚜虫防治。

④发病初期，可用20%病毒A 500倍液、20%病毒灵500倍液喷雾，每隔7天喷1次，连续2~3次。

⑤中耕除草时避免伤叶、断根，发病植株应及时拔除和深埋，减少传播途径。

4．灰霉病

（1）症状

幼苗发病呈水渍状腐烂，上面着生灰色霉层。植株发病多从下部叶开始，初期出现水渍状病斑，严重时呈褐色病块，阴雨或潮湿条件下着生灰色霉状物。

（2）发病条件

灰霉病可以菌核在土壤中越冬、越夏，也可附着于病残体越冬、越夏。病菌通过气流、雨水及农事操作传播，并从伤口或衰老部位侵入体内。一般在密度过大、秧苗生长不良、空气相对湿度过高的条件下容易发生。

（3）防治方法

①床土消毒，方法同猝倒病。

②注意通风换气，降低空气和土壤湿度，及时清除病苗。

③发病初期可用50%速克灵2 000~2 200倍液、45%特克多悬浮剂3 000~4 000倍液、5%扑海因1 500倍液或40%菌核净1 500倍液等进行防治。

5. 黑根病

（1）症状

症状为根茎部变黑或缢缩，染病数天后即见叶萎蔫、干枯，直至死亡。潮湿时病部生有白色霉状物。

（2）发病条件

黑根病病原菌在土壤或病残体中越冬，种子、农具及带菌的堆肥也可传播病原菌。土温过高、土壤黏重而潮湿均有利于发病。

（3）防治方法

①选择地势高燥、排水良好的田块做苗床地，并施用充分腐熟的有机肥作基肥，播种宜稀，覆土不宜太厚。

②加强苗期管理，注意通风降温。淋水宜少量多次。

③种子消毒，方法见猝倒病。

④药床和营养土消毒，处理方法见猝倒病。

⑤可用80%大生可湿性粉剂600倍液、75%百菌清600倍液、65%代森锌600倍液或20%甲基立枯磷乳油1 200倍液等进行防治。

6. 黑腐病

（1）症状

黑腐病属细菌性病害。成株多从下部叶片开始发病。病斑大多数从叶缘开始向内延伸，形成"V"形不规则的黄褐色病斑。病斑内叶脉坏死变黑，严重时呈黑色网状，最后叶片变黄、干枯，病菌再从叶脉蔓延到茎部和根部，可引起叶片维管束坏死变黑，最后枯死，常并发软腐病，使茎根软化腐烂，发生恶臭。

（2）发病条件

种子带菌、高温多雨、地势低洼、浇水过多、与十字花科蔬菜重茬或中耕施肥时伤根等，都会加重发病。

（3）防治方法

①选用抗病品种。

②种子消毒。用50~55℃温水浸种20分钟或50%代森锌200倍液浸种15分钟，洗净晾干后再播种。

③与非十字花科蔬菜轮作，防止田间积水，避免伤叶、断根。

④发病初期可用农用链霉素5 000倍液、氯霉素5 000倍液、75%百菌清可湿性粉剂600倍液、77%可杀得可湿性粉剂500~800倍液、50%代森铵水剂800倍液、70%敌克松原粉500~1 000倍液或50%多菌灵可湿性粉剂1 000倍液等进行防治，交替使用，每隔7~10天喷1次，连续2~3次。

7. 软腐病

（1）症状

软腐病为细菌性病害。病菌多从伤口处入侵，初呈半透明水渍状，受害严重时会导致全株软化腐败，渗出脓状黏液，发出恶臭。软腐病多在结球期、结荚期发生。

（2）发病条件

一般种子带病、感病品种、高温多雨、久旱遇雨、浇水过多、田间积水或连作易发病。

（3）防治方法

可采取综合防治方法，具体可参见黑腐病防治。

8. 霜霉病

（1）症状

霜霉病属真菌性病害。多在莲座期发病，主要为害叶片。发病自下部叶开始，病斑初呈水渍状，边缘不明显，后逐渐扩大，受叶脉限制呈黄褐色多角形斑。湿度大时，病叶背面产生白色霉状物。

（2）发病条件

病害主要靠病株残体、带菌肥料、雨水、种子带菌、淋水、昆虫、农具等传播，主要从叶片的气孔或伤口入侵。一般在高温多雨、大雨骤晴、忽寒忽暖或昼夜温差大、日照不足、浇水过多、土壤积水、植株拥挤时发病严重。

（3）防治方法

①选用抗（耐）病品种。

②烧毁病株残体，减少菌源。

③与非十字花科蔬菜轮作，及时摘除病叶、老叶，保持通风透光，降低田间湿度。

④发病早期可用80%大生可湿性粉剂600倍液、70%赛深可湿性粉剂600倍液、75%百菌清可湿性粉剂500倍液、40%乙磷铝可湿性粉剂200~250倍液、58%瑞毒霉锰锌可湿性粉剂500倍液、72%普力克水剂600倍液、60%杀毒矾可湿性粉剂500倍液、50%扑海因可湿性粉剂1 000倍液或70%杜邦克可湿性粉剂800~1 000倍液等进行防治，交替使用，每隔6~8天喷1次，连续2~3次。

9. 菌核病

（1）症状

菌核病是一种由土壤传染的真菌性病害，多在结球期、开花结荚期发生。一般在近地面的茎和叶柄基部开始发病，病斑初呈褐色水渍状，叶柄受害后水分供应被切断而引起叶片凋萎下垂。在湿度大的条件下病部布满白色棉絮状菌核。在温暖潮湿条件下易发生。

（2）防治方法

①彻底清园，深翻土壤。

②与非十字花科蔬菜连作。

③合理种植。控制淋水，发病期间要锄松土壤，以保持土壤表面干燥。

④发病初期及时用40%信生可湿性粉剂4 000~5 000倍液、50%多菌灵可湿性粉剂1 000倍液或50%托布津可湿性粉剂500倍液等进行防治，每隔7~10天喷1次，连续2~3次。

（二）主要虫害及其防治

1. 小菜蛾

（1）形态、习性及为害

俗称吊丝虫。多以低龄幼虫集中于心叶或嫩花球为害，仅取食叶肉或嫩花蕾，留下表皮，3~4龄幼虫可将嫩叶食成孔洞或缺刻，严重时叶片被吃成网状，生长顶点被毁掉。为害的花球会影响商品性。小菜蛾一年可发生11~13代，秋季8~10月是发生高峰期。

（2）防治方法

①结合苗床消毒及苗期管理，及时清除枯枝烂叶、摘除卵块和初孵化的幼虫群。

②可用6%艾绿士悬浮剂1 000~1 500倍液、5%锐劲特3 000

倍液、1%杀虫素3 000倍液或5%抑太保1 500倍加80%敌敌畏1 000倍液等在卵孵化高峰期至2龄幼虫期进行交替使用防治。

2. 菜粉蝶

（1）形态、习性及为害

俗称菜青虫。以幼虫为害嫩叶及生长点，严重时将叶片吃成缺刻。发生高峰期为5~6月和8~10月。

（2）防治方法

可用6%艾绿士悬浮剂1 000~1 500倍液、Bt乳剂1 000倍液或90%晶体敌百虫1 000倍液等进行防治。

3. 蚜虫

（1）形态、习性及为害

蚜虫常在嫩叶叶背、心叶、嫩花茎或嫩花枝吸食汁液，使叶片、花枝皱缩、卷曲，秧苗生长停滞，严重时引起萎蔫，甚至死亡。蚜虫又是传播病毒病的主要媒介，防治蚜虫能兼防病毒病。通风不良、温暖干燥的地方蚜虫为害严重。

（2）防治方法

蚜虫多发生在叶背或心叶皱缩处，需要全面、及时、反复防治。应选择兼有触杀、内吸、熏蒸作用的农药，并防止常用单一农药而使蚜虫产生抗药性。可用10%一遍净3 000~4 000倍液、50%辟蚜雾可湿性粉剂2 000~3 000倍液、50%敌敌畏乳油1 000~1 500倍液或40%乐果乳剂1 000~1 500倍液等轮换使用，喷雾防治。

4. 斜纹夜蛾

（1）形态、习性及为害

刚孵化的幼虫群集咬食叶肉，2龄后分散为害，4龄幼虫进入暴食期，常将叶片吃成缺刻或孔洞。斜纹夜蛾是一种喜温性害虫，

以7~10月为害严重。

（2）防治方法

①结合苗床消毒及苗期管理，及时清除枯枝烂叶、摘除卵块和初孵化的幼虫群。

②选择在2龄前虫害没有扩散时喷药防治，宜在傍晚前后进行。可用6%艾绿士悬浮剂750~1 000倍液、1%杀虫素3 000倍液、48%乐斯本1 000倍液或5%卡死克乳油1 000~1 500倍液等进行防治。

5. 甜菜夜蛾

（1）形态、习性及为害

初孵化的幼虫群集叶背取食叶肉，3龄后可将叶片吃成缺刻或孔洞，严重时吃光叶片，使幼苗死亡，4龄幼虫昼伏夜出，具假死性。高温有利于甜菜夜蛾发生，通常8~9月为害比较严重。

（2）防治方法

可参见斜纹夜蛾的防治方法进行防治。也可用6%艾绿士悬浮剂750~1 000倍液、10%安绿宝乳油1 000~1 500倍液、5%抑太保乳油1 000~1 500倍液、5%卡死克乳油1 000~1 500倍液、20%米满2 000倍液或44%多虫清乳油1 000倍液等进行防治。

6. 菜螟

（1）形态、习性及为害

菜螟是钻蛀性害虫，为害幼苗期心叶及叶片，使生长点被破坏而停止生长或萎蔫死亡。菜螟喜高温低湿环境，8~10月为害严重。

（2）防治方法

①深翻苗土，清洁田园，减少虫源。

②增加苗床湿度，抑制害虫生长。

③可用2.5%功夫乳油4 000倍液或20%灭扫利乳油3 000倍

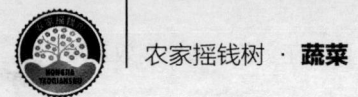

液等进行防治。

7. 黄曲条跳甲

（1）形态、习性及为害

别名黄条跳甲、菜蚤子、跳蚤等。成虫食叶，严重时造成整株死亡、缺苗断垄。幼虫在土中蛀食根部，使叶片失水枯死。以成虫在落叶、杂草中潜伏越冬，成虫具有趋光性，喜温而耐低温，在高温低湿环境下发生严重，以春、秋季为害较重。

（2）防治方法

①清洁菜园，铲除残株落叶和杂草，消除成虫越冬场所。

②作苗床时深耕晒土，杀死虫蛹。

③可用90%晶体敌百虫1 000倍液、50%辛硫磷乳油1 000倍液或48%乐斯本1 000倍液等进行防治。药液浇土也可消灭幼虫。

8. 蜗牛

（1）形态、习性及为害

蜗牛能咬食茎、叶和生长点，严重时造成缺苗、死苗。蜗牛为软体动物，常生活在农田、杂草、水沟旁或泥石堆里，多在夜间或雨天爬出来为害。喜阴湿环境。

（2）防治方法

①铲除苗床地周围地头以及沟边的杂草，减少蜗牛的滋生。

②在苗床四周撒一些生石灰。

③在苗床周围每隔一定距离点施密达，每堆10~20粒，还可用8%灭螺杂颗粒剂或10%多聚乙醛颗粒剂，每平方米1.5克，在晴天傍晚撒施。

9. 地下害虫

(1) 形态、习性及为害

主要地下害虫有蛴螬、蝼蛄、小地老虎、蚯蚓等，这些害虫白天主要潜伏在深土里，夜间出来为害。为害方式有咬食萌芽的种子，或咬断根、茎叶。

(2) 防治方法

①深翻苗土，拣出害虫杀死。

②营养土配备需用腐熟的有机肥，并需经严格堆制和消毒。

③控制床土湿度，防止成虫混入。

④可每平方米用80%敌敌畏乳剂1 200~1 500倍液结合浇水浇床土。也可采用毒饵诱杀，毒饵可为炒香的糠、麸皮、玉米等或糖醋液加入90%晶体敌百虫300~500倍液拌匀，撒（或淋）在苗床周围或害虫经常活动出入的地方。

10. 细钻螺

(1) 形态、习性及为害

细钻螺为软体动物，具有和蜗牛相同的生活习性和为害方式，但细钻螺比蜗牛体积小很多，约跟绿豆一样大小，肉眼一下子看不到。细钻螺繁殖快，数量多，是南方蔬菜苗期常见和为害较严重的害虫之一。

(2) 防治方法

可参照蜗牛防治方法进行。

菜　心

一、菜心生产概述

菜心,又名菜薹、广东菜、菜花等,属十字花科芸薹属1年生、2年生草本植物,是小白菜的一个变种。原产我国,起源于中国南部,由白菜类易抽薹材料经长期选择和栽培驯化而来,主要分布于广东、广西、海南、台湾、香港和澳门等地,为我国华南地区特产蔬菜之一,栽培历史悠久,在清朝编撰的南海、番禺县志中已有著录,被誉为"蔬品之冠"。

菜心类型和品种资源丰富,可周年生产,周年供应,在蔬菜周年生产供应上占有极为重要的地位。据广州市1982年统计,其上市量约占蔬菜总上市量的20%,并大量出口港澳市场,年出口量占蔬菜出口量的10%左右,近年来还远销东南亚、欧美等地区,被视为名贵蔬菜,已成为出口创汇的主要蔬菜之一。同时作为稀有和特色蔬菜在北京、上海、福建、四川、云南、湖南、江苏等地开始栽培,面积逐年扩大,受到消费者的欢迎。在20世纪后引入日本试种成功。

菜心食用部分为柔嫩花薹,包括薹叶和花序,可食率达80%,营养丰富。据分析,每百克鲜菜中含水分94~95克、蛋白质1.3克、脂肪0.2克、碳水化合物0.72~1.08克、粗纤维0.5克、钙50毫克、磷40毫克、铁0.6毫克、维生素C 34~39毫克、维生素B_1 0.04毫克、维生素B_2 0.03毫克、胡萝卜素0.1毫克、尼克酸0.7毫克,并可提供71千焦的热量。

菜心菜薹柔嫩多汁,口味鲜美、味清甜,风味独特,素炒、拌肉或做羹汤均可,也可用沸水烫后做凉拌菜,食用方便、老少咸宜,深受群众喜爱。

广东夏季炎热、多雨,夏季种植菜心时病虫害发生严重,不易

生产高质量的出口产品。近年来，由于经济和运输业的发展，广东很多菜场利用北方地区 4~10 月份相对凉爽的气候条件，在北方大面积种植菜心，产品远销海外。因此，北方地区近年来菜心的栽培面积发展迅速。

二、菜心优质高抗品种选择

在悠久的栽培历史中，经长期选择和栽培驯化，形成了不同类型适于不同季节栽培的菜心品种，既有较耐热适于夏、秋季栽培的品种，较耐寒适于冬、春季低温下生长的品种，也有适应性较广，几乎可以周年栽培的品种。根据生长期的长短和对栽培季节的适应性，可将菜心分为 3 类。

（一）早熟类型

这类品种耐热、耐湿能力强，适宜夏、秋季种植，播种期 5~10 月，生长期 28~50 天。植株小，生长期短，短缩茎不明显，生长迅速，4~5 片叶开始抽薹。菜薹较小，棱沟不明显或无，腋芽萌发力弱，以收主薹为主。对低温敏感，遇低温容易提早抽薹。

目前在生产上应用的主要品种如下：

1. 四九心-19 号

广州市农业科学研究院从四九心中经系统选育而成的品种。植株中等，半直立生长。基生叶 5~6 片，倒卵形，叶长 23 厘米，宽 13 厘米，淡绿色，叶柄短，长约 6 厘米，薹叶 4~6 片，长卵形。

商品菜薹高约20厘米，横径1.5~2.0厘米，菜薹节疏匀条，淡绿色，有光泽，重约40克，品质优良。生长迅速，生长期短，播种至初收33天，延续采收约10天。侧芽萌发力弱，以收主薹为主。根群发达，耐热、耐湿能力强，抗逆性强，适应性广，较耐霜霉病及菌核病。经台风暴雨后，受害轻，恢复生长快，是目前夏、秋季耐热、抗台风暴雨、蔬菜淡季最优的当家品种。

2. 四九心

植株直立，株型较紧凑。基生叶4~6片，长椭圆形，长24厘米，宽14厘米，黄绿色，叶柄长约14厘米，宽0.8厘米，浅绿色。主薹高20~22厘米，横径1.5~2.0厘米，薹叶狭卵形，淡绿色，主薹重35~40克，品质优良。生长迅速，生长期短，播种至初收30天，延续采收约10天。侧芽萌发力弱，以收主薹为主。生势壮旺，耐热、耐湿、抗逆性强，适应性广。

3. 油绿50天

广州市农业科学研究院利用151菜心与60天菜心杂交，经过连续8代选育而成。株型紧凑，株高26厘米，基叶卵圆形，油绿，长14.9厘米，宽8.5厘米，叶柄短，为4.9厘米。薹叶柳叶形，薹叶少，外形美观，菜薹矮壮、紧实匀称，油绿有光泽，主薹高20~24厘米，横径1.4~1.6厘米，重35~40克。抽薹整齐，齐口花，抽薹性状好，风味甜，纤维少，品质优。早熟，播种至初收35天，延续采收6~7天，耐热、耐雨水，抗病性强，适应性广，丰产稳产，每亩产量为1 000~1 200千克，适宜市销和出口。

4. 油绿501菜心

广州市农业科学研究院育成。植株生长势强，株型直立、矮壮，基叶圆形，株高24.4厘米，开展度23.0厘米，叶长18.5厘米，

叶宽9.7厘米，叶柄长5.7厘米，叶柄宽1.5厘米。主薹高18.9厘米，薹粗1.6厘米，薹重32.3克。

早熟，以收主薹为主，播种至初收32~35天，延续采收6~8天，抽薹整齐，菜薹粗壮、节疏、紧实匀条无凌沟，油绿有光泽、叶柄短，薹叶短卵形，齐口花，纤维较少，品质优。耐热、耐湿、耐涝性强，田间表现抗炭疽病和软腐病，适应性广，丰产稳产，每亩产量为800~1 200千克，经济性状优良。

5. 碧绿粗薹菜心

广东省农业科学院蔬菜研究所育成。株型直立、矮壮，株高24.7厘米，株幅22.4厘米，叶片椭圆形，油绿色，叶缘全缘，叶长16.2厘米，叶宽8.8厘米，叶柄长5.0厘米，叶柄宽1.4厘米。主薹高18.4厘米，薹粗1.5厘米，薹重25克，薹色油绿有光泽，质爽脆味微甜，纤维少，品质优。早熟，播种至初收28~30天。

6. 油绿粗薹菜心

广东省农业科学院蔬菜研究所育成。株型直立较高，株高30.8厘米，株幅24.4厘米，叶片椭圆形，油绿色，叶缘全缘，叶长20厘米，叶宽10.6厘米，叶柄长5.9厘米，叶柄宽1.7厘米。主薹高22.2厘米，薹粗1.8厘米，薹重38克；薹色油绿有光泽，质爽脆味微甜，纤维少，品质优。早中熟，播种至初收30~33天。

7. 全年心

广州市农家品种。株高31厘米，基叶5~6片，长卵形，长18厘米，宽9.5厘米，黄绿色，薹叶狭卵形。商品菜薹高26~28厘米，横径1.4~2.0厘米。早熟，播种至初收35~45天，延续采收10~15天，耐热、耐风雨能力强，纤维少，品质优。适播期3~11月。

8. 东莞 45 天菜心

东莞市农家品种。植株较短壮,基叶少,叶长椭圆形,薹色油绿,有光泽,菜薹匀条,薹叶狭卵形。商品菜薹高 23~25 厘米,横径 1.5~2.0 厘米。播种至初收 30~35 天,延续采收 10~15 天。耐热、耐湿,纤维少,品质优。

9. 桂林柳叶早菜心

桂林地方品种。植株直立,叶长倒卵形,有皱褶,向内卷曲,浅绿色,叶柄绿白色,花薹青白色。早熟,耐热,侧芽萌发力较强,质脆嫩,品质优。生长期 60~70 天,每亩产量 1 000 千克。

(二) 中熟类型

该类品种较耐热,适宜秋季或春末栽培,适播期 3~4 月及 9~10 月,生长期 60~80 天。植株半直立,株型中等,有短缩茎,5~7 片叶开始抽薹。菜薹较大,具浅棱沟,腋芽有一定的萌发力,主侧薹兼收,以收主薹为主,菜薹品质好。对温度适应性广,遇低温易抽薹。

目前生产上应用的主要品种有:

1. 60 天特青

由香港引进。植株中等,半直立生长,基生叶 7~8 片,长卵形,长 20 厘米,宽 12 厘米,青绿色,叶柄长 14 厘米,薹叶狭卵形。商品菜薹高 22~25 厘米,横径 1.0~1.5 厘米,油绿色,有光泽,重约 45 克。播种至初收 40 天,延续采收 10~15 天,侧芽萌发力较弱,以收主薹为主。耐病毒病,质脆嫩,品质优。适播期 3~4 月及 8 月中旬至 10 月。

2. 60天菜心

广东省农业科学院蔬菜研究所育成。株型直立较矮,株高34厘米,株幅25厘米,叶片椭圆形,油绿色,叶缘全缘,叶长16厘米,叶宽10厘米,叶柄长5.0厘米。主薹高20厘米,薹粗2.0厘米,薹重35克,薹色油绿有光泽,质爽脆味微甜,纤维少,品质优。早中熟,播种至初收35~37天。

3. 油绿701菜心

广州市农业科学研究院利用迟心2号与80天油青菜心杂交,经过连续6代的选育而成。株高33厘米,基叶长卵形,绿色,长17.3厘米,宽9.4厘米,叶柄长7.9厘米。薹叶柳叶形,薹叶少,节疏,菜薹紧实匀称,油绿有光泽,棱沟浅或无,主薹高23~25厘米,横径1.5~2厘米,重45~50克。抽薹整齐,齐口花,抽薹性状好,外形美观,风味甜,纤维少,品质佳。中迟熟,播种至初收43~45天,延续采收7~10天,耐病毒病、霜霉病,适应性广,抗逆性强,每亩产量为1 200~1 500千克,适宜市销和出口。

4. 油绿702菜心

广州市农业科学研究院育成。生长势强、株型直立紧凑,株高24.6厘米,株幅15.8厘米,基叶短卵形、深油绿色,叶长18.8厘米,宽8.3厘米,叶柄6.5厘米。菜薹粗壮、匀称,碧绿有光泽,肉质紧实,主薹高21.3厘米,横径2.1厘米,质量50~60克。抽薹整齐,花球大,齐口花,味甜,爽脆,纤维少,品质优。

中熟,播种至初收36~40天,每亩产量1 250千克左右。适应性广,叶薹色碧绿有光泽,商品综合性状优,对软腐病和霜霉病抗性强。

5. 绿宝 70 天

广州市农业科学研究院选育的品种。基叶 7~9 片，长卵形，长 18 厘米，宽 10 厘米，深绿色，叶柄长 10 厘米，薹叶 6~7 片，近柳叶形。主薹高 22~26 厘米，横径 1.5~1.8 厘米，节疏匀条，紧实，青绿色，有光泽，重约 45 克。中迟熟，播种至初收 39~45 天，延续采收 10 天，以收主薹为主。前期生长缓慢，中后期生长较快，耐肥，耐病毒病，质脆嫩，纤维少，味较甜，品质优。适播期 3 月及 9~11 月，每亩产量 1 000~1 500 千克。

6. 桂林柳叶中菜心

桂林地方品种。植株较高大，开展度较大，叶和叶柄深绿色，侧芽萌发力强，花薹稍起棱，质脆嫩，味佳。中熟，生长期 80~100 天，每亩产量 1 500~2 000 千克。

7. 青柳叶中菜心

广州市地方品种。株高 40 厘米，叶长卵形，深绿色，叶柄浅绿色，薹叶狭卵形。主薹高 22~25 厘米，横径 2 厘米，青绿色，有光泽，重 40~45 克。侧芽萌发力强，易抽侧薹，播种至初收 45 天，生势强，较耐病毒病，品质优。

（三）迟熟类型

该类品种较耐寒，不耐热，适宜冬、春季栽培，适播期 11 月至翌年 3 月，生长期 70~90 天。植株直立或半直立，8~10 片叶开始抽薹。叶较粗大，薹粗壮，短缩茎明显，有明显棱沟，花球大，腋芽萌发力强，主侧薹兼收。低温下抽薹慢，冬性强，采收期较长，菜薹产量较高。

目前生产上应用的主要品种有：

1. 迟心 2 号

广州市农业科学研究院育成的品种。植株矮壮，半直立生长，略具短缩茎，基生叶 7~8 片，阔卵形，长 19 厘米，宽 10 厘米，绿色，叶柄长 13 厘米，薹叶狭卵形。商品菜薹高 25~27 厘米，横径 1.5~2.0 厘米，油绿色有光泽，重约 53 克，花球大。播种至初收 55~60 天。根系发达，耐肥，侧芽生长弱，耐寒性中等，抗逆性较强，耐霜霉病、软腐病，质脆嫩，纤维少，不易空心，风味好，品质优。适播期 11~12 月及翌年 2 月下旬至 3 月上旬。

2. 特青迟心 4 号

广州市农业科学研究院育成的品种。株型矮壮，株高 28 厘米，基叶 9~11 片，长卵形，长 21 厘米，宽 11 厘米，深绿色，叶柄长 10 厘米，薹叶 6~8 片，狭卵形。商品菜薹高 20~23 厘米，横径 1.5~2.0 厘米，匀条紧实，光泽性好，重约 50 克。播种至初收约 50 天，生势强，冬性中等，耐霜霉病，质脆嫩，味清甜，品质好。适播期 10 月至翌年 1 月及翌年 3 月，每亩产量 1 000~1 500 千克。

3. 油绿 80 天菜心

广州市农业科学研究院利用迟心 2 号与 80 天特青菜心杂交，经过连续 7 代的选育而成。株型矮壮，株高 33 厘米，基叶卵圆形，薹叶狭卵形，叶柄短。商品菜薹高 22~23 厘米，横径 1.5~2.0 厘米，紧实匀条，油绿有光泽。迟熟，播种至初收 45~50 天，适播期 3 月及 10 月至翌年 1 月，耐霜霉病、病毒病，纤维少，质脆嫩，品质佳。每亩产量 1 000~1 500 千克。

4. 油绿802菜心

生长势强,植株半直立,株高20.6厘米,开展度18.0厘米,基叶5~6片,卵圆,长18.8厘米,宽8.7厘米,叶柄长6.0厘米,油绿色。薹叶6~7片,稍圆,菜薹匀条,茎圆深油绿,花球大,齐口花,主薹高14.6厘米,横径1.52厘米,单株质量约40~46克。迟熟,播种至初收38~45天,延续采收8~10天,抽薹整齐一致,采收期集中,以采收主薹为主,纤维少,质爽脆味甜,商品率高,品质优,每亩产量1 200千克左右,适于华南地区及北方地区夏秋露地和冬春保护地栽培。

5. 翠绿80天

生长势强,株型粗壮,基叶叶片中等,椭圆形,油绿色,菜薹粗壮,油绿有光泽,纤维少,品质优。薹高约25厘米,横径2.0~2.5厘米,节间中等。抗病,适应性广,耐炭疽病和霜霉病,是菜场出口和内销市场的最佳品种。播种至初收45~50天,亩产1 000~1 500千克。广州地区适播期11月至翌年3月上旬,其他地区可根据当地实际情况参照广州气候调节播种。可直播,或使用设施薄膜大棚用营养盆育苗移栽。

6. 80天油青

植株较高大,基叶长卵形,薹叶狭卵形,叶柄较短,侧芽萌发力强,主薹粗大,油绿色,有光泽,纤维少,菜味浓,品质佳。迟熟,耐寒,冬性强,播种至初收45~55天,适播期10月至翌年1月。

7. 80天菜心

由香港引进。植株较大,基叶长卵形,薹叶狭卵形,深绿色,菜薹节疏匀条,青绿色,有光泽,商品性状好,品质优良。迟熟,

播种至初收 45~50 天,适播期 10 月至翌年 1 月。

8. 三月青菜心

广州市地方品种。株高 35~40 厘米,基叶 6~7 片,阔卵形,长 35 厘米,宽 20 厘米,深绿色,有光泽,叶柄浅绿,带白色。薹叶长卵形,绿色,主薹高 26~28 厘米,横径 1~2 厘米,重约 45 克。迟熟,播种至初收 50~55 天,延续采收 10~15 天。冬性强,耐湿冷,遇低温不易提前抽薹,品质中等,每亩产量 1 000~1 500 千克。适播期 1~2 月。

9. 增城迟菜心

又名高脚菜心,增城市地方品种。植株高大,株高 60~110 厘米,基叶长卵圆形,长 35~50 厘米,宽 20~30 厘米,淡绿色,叶面稍皱,叶背叶脉明显,叶缘波状缺刻,叶柄匙形,长 20~30 厘米,宽 2~3 厘米,厚 1.5~2.5 厘米,粉白色或青白色。薹叶 20~35 片,长卵形。菜薹有沟纹,主薹高 35~45 厘米,横径 2~3.3 厘米,淡绿色,单株重约 1 500 克。生势壮旺,冬性强,晚抽薹,抗逆性好,品质优,风味佳。侧芽多,可主、侧薹兼收,每株有侧枝 5~8 条。迟熟,生长期 100 天左右,采收期长,适播期 8 月至翌年 1 月,每亩产量为 2 000 千克。

10. 桂林扭叶菜心

桂林地方品种。植株高大,开展度大,株高约 58 厘米,叶片大,长 35 厘米,宽 5~8 厘米,淡绿色,狭长形至长披针形,叶面皱缩,向内卷曲。叶柄长 18~24 厘米,圆形,绿白色。基叶 15~16 片叶开始抽薹,此时叶片开始扭曲,向上纵卷(为本品种特征之一)。主薹粗壮,高 42 厘米,横径 2 厘米,侧薹发达,可分生 7 根侧薹,单株重约 500 克。薹肉多,皮薄,质脆嫩,纤维少,品质优,耐寒但不耐热，需肥水较多，产量较高。迟熟，播种至初收 60~70 天，可延续采收 30~40 天。

11．竹湾迟菜心

广西梧州市地方品种。该品种植株高大，株高 58 厘米，基叶长椭圆形，长 25 厘米，宽 11 厘米，青绿色，薹叶狭长形，青绿色，主薹矮壮，无空心，薹质柔嫩，味甜，品质优。侧芽多，耐寒性较强，适宜在气温较低的条件下生长，产量高。迟熟，播种至初收 55~60 天，每亩产量 1 500~2 000 千克。

12．青柳叶迟菜心

广州市地方品种。株型较高大，株高 35 厘米，开展度 33 厘米。基叶约 10 片，长卵形，长 26 厘米，宽 12 厘米，青绿色，叶柄长 13 厘米，黄绿色。主薹高 28 厘米，横径 1.8 厘米，薹叶狭卵形，绿色，有光泽，主薹重约 50 克。播种至初收 55~60 天，延续采收 20~30 天。侧芽较多，冬性较强，品质优。

13．柳叶晚菜心

广西柳州市地方品种。植株高大，侧芽萌发力强。迟熟，冬性较强，产量较高，广西地区 11 月上旬至 12 月中旬播种，生长期 100~120 天。

三、菜心生物学特性

（一）植物学性状

1. 根系

菜心主根短，根系不发达，分布浅，主要根群分布于3~10厘米的表土层中。苗期根的再生能力强，移栽后容易恢复生长，中后期根的再生能力弱，移栽时必须多带土。

2. 短缩茎和菜薹

株型直立或半直立生长，高30~45厘米，开展度25~35厘米。抽薹前茎短缩，迟熟品种短缩茎明显，早、中熟品种不明显。当生长发育到一定程度，便拔节抽薹，在茎节上长出薹叶，茎顶部及分枝上长出小花蕾，这些就是食用部分，即菜薹。菜薹为白绿色、淡绿色或深绿色，具光泽，少数品种或早熟品种在冷凉季节种植，其菜薹表面会出现灰白色蜡粉（俗称"灰薹"）。

3. 基生叶和薹叶

着生于短缩茎上的基部叶片称为基生叶。基叶坚挺，直立或斜举，叶数因品种而异。一般来说，早熟品种的基生叶较少，为4~6片，中熟品种次之，为7~9片；迟熟品种较多，为10~16片。叶多为卵形或阔卵形，少部分为圆形，黄绿色、绿色或青绿色，叶柄狭长，绿色或浅绿色。薹叶6~9片，狭卵形或披针形，有短柄或无柄，黄绿色、浅绿色或深绿色。

4. 花序和花

菜心为总状花序，分枝多条，在主茎上叶腋间着生一级分枝，还可再着生二级分枝。花为完全花，由花萼、花冠、雌蕊、雄蕊等组成。花萼4片，着生在最外轮，花冠多为黄色，个别品种为白色，由4个花瓣构成，开花后呈"十"字形展开。花冠内侧着生雄蕊6枚，4长2短，分为2轮，位于外侧的2枚花丝较短，位于内侧的4枚花丝较长。雌蕊1枚，位于花的中央，旁边有蜜腺，能分泌出甜的黏液，为虫媒花。

花朵开放顺序：先开放主枝上的花，后开放一级、二级分枝上的花。各枝上的花由下而上依次开放，整个花序为无限生长型，陆续开花。一般于上午9：00~11：00和下午15：00~17：00为开花散粉时间。花期30多天，但花期长短与品种、栽培技术和植株生长环境条件等的关系密切。

5. 果实和种子

果实为长角果，由2个心皮构成，由假隔膜分为2室。种子排成2列，每个角果内含种子15~30粒。角果生理成熟后，容易裂开，籽粒自然脱落。种子细小，近圆形，棕褐色或黑褐色，千粒重1.3~2.5克。

（二）生长发育特点

1. 发芽期

自种子萌动至子叶展开为发芽期，一般需5~7天。条件适宜时，种子很快发芽出土。此期经历时间长短主要受温度影响，在水分充足时，如果温度较高（30℃左右），3~4天即可发芽；如果温

度在 15℃左右时，需 7~8 天才能发芽。播种后水分足才能出齐苗。

2．叶片生长期

自子叶展开至植株现蕾为叶片生长期，需 20~30 天。此期主要是叶片数和叶面积的增长，同时在 2~3 片真叶时就开始进行花芽分化。一般在此期形成 8~12 片叶，其叶片数的多少和生长时间长短主要与品种和栽培季节有关。一般早、中熟品种的叶片数较少，需时间较短；迟熟品种的叶片数较多，需时间较长。早熟品种如四九心-19 号，在较高的温度（25~30℃）和充足的肥水条件下，生长快，具 8 片叶左右就开始抽薹开花；迟熟品种如迟心 2 号在正常的低温栽培条件下，植株具 10 片叶以上才能现蕾抽薹。

3．菜薹形成期

从现蕾至菜薹采收为菜薹形成期，历时 14~18 天。此期是菜心产量形成的关键时期。菜薹形成初期，叶片继续生长，并仍占植株生长的主导地位，同时节间变长、薹叶变细变尖。之后，菜薹发育加快，其重量迅速增加，成为植株的主要部分。菜薹的产量和品质与其形成期间的温度高低关系最密切，在 10~15℃条件下，菜薹生长发育良好，品质佳，产量高。

4．开花结实期

自植株初花至种子成熟为开花结实期。初花后花茎开始迅速生长，并从腋芽由下而上相继抽生侧花茎，同时自下而上开花结实直至种子成熟。一般开花期 30 多天，自初花至种子成熟，需要 60~70 天，但花期长短与品种、栽培技术和植株生长环境条件等密切相关。早熟品种花期较短，迟熟品种花期较长；气温高花期短，种子成熟较快，气温低则花期长；栽培水平高，则生长发育时间长，花期也长。

（三）对环境条件的要求

1. 温度

温度是菜心生长发育的重要条件，其对温度的适应范围很广，在月均温 3~28℃条件下均可栽培，但不同的生长发育阶段对温度的要求不同。种子发芽的适宜温度 25~30℃。种子萌动后，若遇到 3~15℃的低温就能迅速通过春化阶段，因此，冬春播种在气温较低时，应注意做好防寒工作，防止"冷芽"而提早抽薹。叶片生长的适宜温度稍低，为 20~25℃，低于 15℃则生长缓慢，高于 30℃时生长较困难。菜薹形成期要求比较冷凉的气候。在这样的条件下，菜薹生长发育良好，纤维少，品质佳，产量高，如温度超过 25℃，则菜薹不紧实，质粗味淡，品质差。

其次，不同熟性的品种对温度的感应也不同，在同样的低温条件下，早熟品种容易通过春化阶段，而晚熟品种则需较长的时间才能通过。一般早、中熟品种在 3~15℃条件下约需 25 天便可通过春化阶段，而迟熟品种需 35~45 天。早、中熟品种对温度反应敏感，发育快，苗期应避免过早发育而先期抽薹，而迟熟品种对温度要求严格，在较高温度条件下虽能花芽分化，但花芽分化延迟，迟迟不能抽薹，因而不宜提早播种。低温能促进菜心的生长发育，如在冬季播种，当种子萌发至第 1 片真叶期间，若遇上 8℃以下的低温，就会促进植株迅速通过春化阶段，引起早抽薹，这对早、中熟品种的作用尤为明显。但如果将迟熟品种安排在 5~9 月播种，则由于温度不能满足其发育的要求，而出现只长叶、难抽薹的现象。因此在生产中必须根据当地的气候条件和栽培季节选用适宜的品种。

菜心开花结实与温度也有密切的关系，开花最适宜温度 15~25℃。气温在 10℃以下时，开花显著减少，且授粉不良，造成结实差；0℃左右会引起落花；气温 30℃以上时，会导致花器变小，

花药退化,花粉少甚至没有花粉,花粉萌发率低,结实困难。

2. 光照

菜心对光周期的要求不严格,光周期长短对菜心的抽薹开花影响不大。菜薹生长快慢主要受温度影响,只要有适当的低温便能通过春化阶段,顺利抽薹开花,但在整个生长发育过程中都需要较充足的阳光,特别在菜薹形成期,光照不足会影响光合作用,导致菜薹纤细,质量差,产量低。

3. 水分

菜心根系浅,主要分布在3~10厘米的土层中,既不耐旱又不耐涝,对土壤水分条件要求较高。其根系吸水力弱,而蒸腾作用旺盛,消耗水分多,需经常淋水,保持土壤湿润,但又以不积水为度,以满足生长发育对水分的需求。如果播种后土壤水分不足,空气又干燥,则出苗差,不能保证齐苗,同时出苗后茎叶生长会受阻,造成提早抽薹,菜质差;相反,如果土壤水分过多,易造成土壤通气不良,根系不能很好地发育,生长缓慢,甚至停止生长,引发病害或导致植株死亡,因此在雨水较多的地区,应注意排水和降低地下水位。

4. 土壤和养分

菜心对土壤的适应范围广,只要肥水条件充足就可以获得高产,但以中性或微酸性、土层疏松、排灌方便、有机质含量丰富的壤土或沙壤土为宜。

菜心对矿质营养的吸收量以氮最多,钾次之,磷最少,全期吸收氮、磷、钾之比为3.5:1:3.4。菜心生长期短,但生长量大,需肥多,不过对高浓度的土壤溶液忍耐力弱,除施足腐熟的基肥外,应注意施追肥。追肥以氮肥为主,应勤施薄施,生长后期对磷、钾的需求明显,可适当追施磷、钾肥,这对根系生长和提高菜薹品质有明显的促进作用。

四、菜心适时栽培技术

(一) 栽培季节

菜心对温度的适应范围很广,在月均温 3~28℃的条件下,均可抽薹开花,可见,影响菜心通过春化阶段的主要因素,不是温度的高低,而是低温时间的长短。早、中熟品种在 3~15℃条件下约需 25 天便可通过春化阶段,迟熟品种则需 35~45 天,即早、中熟品种对温度反应敏感,发育快,苗期应避免过早发育而提前抽薹,而迟熟品种对温度要求严格,不宜提早播种,以免温度过高,不能适时通过春化而延迟抽薹。因此,在生产上应按照不同品种对温度的要求,结合当地的气候条件,选择适宜的播种期,保证播种后有一个适当的营养生长时期,以获得优质高产的菜薹,达到周年生产、均衡供应的目的。

一般在南方地区早熟品种安排在 5~10 月播种,播种至菜薹初收需 25~35 天;中熟品种安排在 9~10 月和翌年 3~4 月播种,播种至菜薹初收需 35~45 天;迟熟品种安排在 11 月至翌年 3 月播种,播种至菜薹初收需 45~65 天。若将迟熟品种安排在 5~9 月播种,则因温度太高不能及时通过春化阶段,植株生长弱,难抽薹,菜薹品质差;若将早熟品种安排在 11 月至翌年 3 月播种,则由于受低温影响,植株过早通过春化而提早发育、抽薹,营养生长时间短,植株细小,产量低。

在北方,可按品种对温度的适应性,选择适宜的品种于春、夏、秋季排开播种。一般早春提前栽培和晚秋延后栽培可利用塑料大棚增温,以选择晚熟品种为宜,5月中旬到8月中旬播种的,宜选用中、早熟品种。

广州地区菜心不同品种的周年生产安排见表1。

表1 广州地区菜心不同品种周年生产历

品种	播种期	栽培方式	苗期（天）	播种至初收（天）	采收时间（天）	供应期
迟熟品种	1~3月	直播	25~30	55~65	15~30	3~4月
中熟品种	3~4月	直播或移栽	20~25	35~45	10~20	4~5月
早熟品种	5~10月	直播	18~22	25~35	10~15	6~11月
中熟品种	9~10月	直播或移栽	20~25	35~45	10~20	10~12月
迟熟品种	11月至翌年1月	移栽或直播	25~30	45~60	15~30	12月至翌年2月

（二）整地、施肥

菜心对土壤的适应性广,但宜选择疏松、有机质含量丰富的壤土或沙壤土种植。忌连作,如需连作,则必须在前作菜心收获后及时清除残根茎叶,同时每亩撒施石灰50千克进行消毒。定植前土壤要深耕晒白,并施足基肥。基肥一般以腐熟厩肥等迟效性有机肥为主,并可混施一定量的钾肥,每亩可施腐熟厩肥1 000~2 000千克,氯化钾5~10千克或鸡粪750千克,复合肥20千克。施肥后整细土壤,起宽1.6~1.7米、高20~30厘米、南北向的畦,要求畦面细碎平整,呈龟背形,无大孔隙、裂缝。广州地区由于气候炎热,有采用水坑栽培的习惯,一般畦宽1.7~2米（包沟）,畦高25~30厘米,坑深30厘米左右,坑宽35厘米。水坑栽培在高温多雨的夏

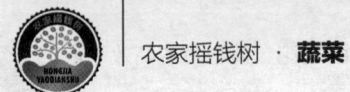

季可降低畦面温度、增加田间湿度、改善菜心生长的田间小气候环境，有利于增产和提高品质。

（三）播种育苗

菜心有直播和育苗移栽两种栽培方法。早、中熟菜心由于生长期短，一般以直播为主；迟熟菜心由于生长期长，采用育苗移栽较好，可增加复种指数。培养嫩壮苗是菜心获得优质丰产的关键措施之一，为了培养嫩壮苗应根据品种的发育特性选定栽培季节和播种日期。

1. 直播育苗

直播是将种子直接撒播于大田，不用移苗，随着幼苗的生长间苗1~2次，同时对缺苗的地方进行补苗，使幼苗保持一定的株距，直至采收结束。这种栽培方法不用移苗，根系不会受到损伤，抗自然灾害的能力强，生长速度快，可以缩短生育期，提早收获，同时直播田间密度大，单位面积株数可以得到保证，容易获得高产，尤其是在6~8月高温多雨播种的早熟菜心或在2~3月低温阴雨天气播种的迟熟菜心，采用直播增产效果明显。

但直播占地时间长，复种指数低，同时菜薹色泽较淡、大小不均匀、叶柄偏长、易空心、抽薹不一致。

播种前用48%拉索乳剂或农达喷洒畦面，可以防止或清除田间杂草。同时，淋湿畦面，以防播种时种子掉入土层深处，但不可过湿，否则畦面会板结。

在冬、春季播种时，应预防低温，特别是寒潮低温的影响，避免"冷芽"而导致植株提早发育，引起产量下降。一般应根据天气预报选择晴朗天气或掌握在寒潮即将结束即冷尾暖头时播种，以促进种子快速发芽。也可进行浸种催芽。通常用50~60℃的温水浸种

4小时,然后用湿布包起来放在25~30℃的条件下催芽,待种子破皮露芽时播种。夏、秋季播种则应避免在台风暴雨的日子播种,以防大雨冲刷。

播种后用遮阳网或稻草覆盖畦面,并淋足发芽水。采用覆盖措施,在夏、秋季起保温、防雨水冲刷和烈日曝晒的作用;在冬、春季起保温防寒作用。出苗后应迅速揭开遮阳网或稻草,防止幼苗徒长。播种量依季节的不同而不同,在春、夏季,由于气候条件不适,用种量可适当增加,一般每亩播种0.4~0.5千克;在秋、冬季气候适宜的条件下,用种量可适当减少,每亩播种0.3~0.4千克。

2. 育苗移栽

可采用露地或育苗盘育苗。育苗移栽可缩短占用大田的时间,提高土地利用率,增加复种指数,同时易于选择生势和株型整齐一致的嫩壮苗进行移植。育苗移栽的植株抽薹整齐、菜薹大小均匀、色泽比较好、不易空心、叶柄偏短、商品性和品质较好。但在2~3月和6~8月这两个时期采用育苗移栽技术,因低温和高温等不良天气的影响不易获得高产。

可采用温室或简易拱棚进行育苗,冬、春季菜心栽培也可采用防寒保护地育苗,在保持适宜的温度条件下,促进幼苗健康成长。

采用育苗盘育苗,播种前准备好营养土,营养土可选用泥炭土、山上无菌黄土和珍珠岩按3∶1∶1混合,pH5.5~6.5,或采用黄泥、砻糠灰、花生麸等有机肥及少量化肥按一定比例混合而成。播种前可将营养土装入72或128孔育苗盘内,装8成满即可,用清水浇透,每孔播2~3粒种子于育苗盘孔穴中间,有条件的地方可采作播种机播种,可以节省大量的人工,然后覆盖4~6毫米厚的干基质,播后每天浇水1~2次,保持基质湿润。播种后2~3天便可全部出苗,菜心齐苗后每隔3~5天用0.5%复合肥水浇施1次,并注意苗期病虫害防治。

(四) 田间管理

1. 间苗

菜心单位面积产量由单位面积所种植的株数和单株薹重所构成。因此,合理增加种植株数是获得丰产的一项有效措施。一般,早熟品种生长期短、株型较小,可适当密植,迟熟品种生长期长、株型较大,可适当疏植;秋、冬季气候适宜,宜种疏一些,春、夏季高温多雨、生长期短,可适当密一些。当幼苗真叶展开后,应及时间除过密苗和弱苗,保证每株幼苗有 6~7 厘米^2 的营养生长面积,防止幼苗徒长而降低了秧苗质量。在幼苗具 3 片叶时可结合补苗进行第 2 次间苗及定苗,选择生长健壮的幼苗补植在缺苗处,保持适当的苗距。一般早熟品种定苗的苗距为 10~13 厘米,每亩 35 000 株左右;中熟品种定苗的苗距为 13~16 厘米,每亩 24 000 株左右;迟熟品种的苗距为 16~17 厘米,每亩 18 000 株左右。植株现蕾后还要进行最后 1 次间苗,疏去小苗和生长不良的植株,以增加植株间的通风透光性,提高菜薹的质量和产量。

采用育苗盘育苗,待幼苗长出 1 片真叶后,即进行间苗,每穴留 1 株健壮的幼苗。

2. 定植

菜心根系分布浅,再生能力强,适宜浅种。当幼苗具 4~5 片真叶时即可进行栽植。栽植时以子叶齐畦面为宜,株行距可较直播的大些。移栽苗龄夏、秋季节为 18~22 天,秋、冬季为 25~30 天,每亩苗床的苗可供 4~6 亩的大田定植。定植后淋足定根水,保持土壤湿润,以便快速恢复生长。

3. 施肥

菜心为速生蔬菜,生长迅速,生长期短,生长量大,再加上根系浅,吸收能力差,种植较密,对肥水的要求非常严格;其需肥量与植株生长量几乎呈正相关,因此,必须加强肥水管理才能获得优质高产。首先应施足基肥,另外生长期间应及时追肥。在夏、秋季栽培菜心,由于高温多雨,不利于生长期间追肥,要注意基肥的施用,以基肥为主。叶色油绿的菜心品种(如油绿501菜心)对肥水的要求较叶色淡绿的品种(如四九心)严格,因此,在栽培这些品种时除施足基肥外,还应掌握在有利的天气条件下适时追肥,以满足其生长发育对养分的需求,保证优质高产。

追肥应掌握勤施、早施、薄施的原则,前期轻,中后期重,一般以速效性氮肥为主,同时适当增施磷、钾肥,以提高产量和品质。在幼苗第1片真叶展开时就应及时追施1次稀薄粪水或每亩施用尿素3~4千克,进行提苗;在幼苗具3片真叶时结合间苗追1次肥,采用育苗移栽的一般在定植后2~3天植株发新根时追施1次薄肥;之后,每隔5~7天可追施1次速效性肥料,一般每亩可用尿素5~10千克和复合肥10~20千克混合施用。菜薹形成期肥水条件与菜薹生长关系密切,一般在植株现蕾时,应重施追肥,每次追肥宜在下午气温较低、光照较弱时进行,追施后立即浇水,注意避免肥料落在花蕾上,以免造成烂蕾。在主薹采收后,仍需继续采收侧薹的植株,则应在大部分主薹采收后,再追施1次重肥,以促进侧薹的发育。采收前7天喷施0.5%钼酸钠或0.5%氯化锰,可降低硝酸盐含量,提高菜心品质。

4. 淋水

菜心根系浅,既不耐旱,也不耐涝,对水分条件要求较高。在生长过程中,只有充足的水分供应才能满足植株生长发育的需求,但也不宜积水。一般，晴天早、晚要各淋水1次，以保持土壤湿润。淋水量应根据植株生长发育的情况和气候变化情况而定，如定植后幼苗新根未长出，而中午阳光又比较强时，可在上午11：00~12：00增淋1次过午水，以湿润叶面和畦面为宜；如遇吹北风、相对湿度小的天气时可多淋水，遇潮湿天气，则应少淋水，避免畦面积水，以防病害的发生。

（五）适时采收

当菜薹开放1~5朵小花、高度与植株叶片顶端高度齐平（俗称"齐口花"）或接近时，为适宜的采收期，应及时采收。如未及齐口花采收，则太嫩，菜薹小，产量低；过迟采收，产量虽高，但品质变差。其采收标准依不同的市场和需求而定，一般上市销售，采收的高度以20~25厘米为宜；如要供应高级宾馆或销售至香港、澳门，采收高度以15~20厘米为宜；如要出口东南亚和西欧等，需经保鲜长途运输，时间长，则应选菜薹鲜嫩、花蕾未开放、长12~14厘米的为宜。

其产量因采收的标准不同而相差很大。一般早熟菜心容易满足发育条件，抽薹较快，生育期短，植株细小，采收后不易发生侧薹，即使发生也不理想，故不采收侧薹，只采收主薹；而中、迟熟菜心可以在采收主薹后发生侧薹，主侧薹兼收。从栽培季节来看，夏季高温多雨，植株生长发育较快，抽薹也较快，不利于营养物质积累，菜薹组织不充实，且易发生病害，故多数只收主薹；而秋季气候温和，昼夜温差大，光照充足，植株生长健壮，有利于营养物质的积累及侧薹的发育，可主侧薹兼收。采收时可在主薹基部留2~3节进行采摘，使其发生侧薹。留叶过多，侧薹发生多而细，质量不高。

五、菜心遮阳网覆盖栽培技术

在华南地区,夏、秋季高温干旱、台风暴雨及强光照等不良天气容易造成土壤板结、病虫害的发生和蔓延,从而导致菜心产量低而不稳、品质差。因此,夏、秋季菜心栽培必须以抗热、防雨、保苗为重点,结合采用一些保护性设施才能收到较好的生产效果。多年的生产实践表明,采用遮阳网覆盖栽培技术有利于产量和品质的提高。

(一)品种选择

在华南地区,夏、秋季(5~9月)栽培菜心应选择早熟、耐热、适应性和抗逆性较好的品种。目前适宜夏、秋季种植的菜心品种有四九心-19号、四九心、油绿501菜心、碧绿粗薹菜心和东莞45天菜心等。

(二)播种育苗

夏、秋季栽培菜心易因高温干旱及台风暴雨的影响造成土壤板结,宜选择土层疏松、肥沃的壤土或沙壤土种植。播种前每亩施腐熟厩肥1 500~2 000千克、钾肥10千克或鸡粪750千克、复合肥20千克作基肥。将肥料与土壤混匀后整地,起宽1.6~1.7米、高20~30厘米的畦,并淋足底水待播种。夏、秋季菜心栽培一般以直播密植为主,每亩用种量为0.4~0.5千克。

(三) 遮阳网覆盖

1. 覆盖方式

(1) 浮面覆盖

种子播于畦面后,即将遮阳网覆盖其上,并淋足发芽水,这样可起保湿、防雨水冲刷、防烈日暴晒和防土壤板结的作用,同时使种子与土壤密接性好,以利于出苗和齐苗、提高成活率和培育嫩壮苗。出苗后即应揭开遮阳网,以免幼苗徒长。

(2) 小平棚覆盖

在夏、秋季,由于暴雨的冲击,常造成表土冲刷、土壤板结、根系透气不良,甚至使根系暴露于空气中,特别是雨停后又曝晒,常使叶片烫伤,甚至使整个植株萎蔫死亡。

可见,不利的天气条件会严重影响菜心的生长。生产上,通常在种子出苗后将畦面覆盖的遮阳网向上升高1米左右搭建小平棚进行覆盖,也可利用中小拱棚的骨架进行覆盖,这样可防止高温灼伤幼苗和暴雨冲击畦面,并可创造一个较适合菜心生长的小气候环境,有利于植株的生长。

2. 遮阳网的管理

不同颜色、不同规格型号的遮阳网遮光程度不同,不同的蔬菜种类及其生育阶段光合作用的适宜光照强度也不同,因此,应根据不同的蔬菜种类及其生长发育阶段及覆盖期间的光照强度、天气变化情况灵活选择适宜遮光率的遮阳网,以满足作物生长发育对光照条件的要求。通常,在栽培绿叶类蔬菜时不宜选用遮光率大于40%的遮阳网,同时,在采用黑色遮阳网时也不宜进行全生育期的覆盖,以免因光照不足而导致减产。

生产上,菜心苗期可用黑色遮阳网进行浮面覆盖,出苗后则改

用银灰色遮阳网进行小平棚覆盖。管理上应根据天气情况及蔬菜对光照强度和温度要求灵活揭或盖遮阳网。一般应做到晴天盖，阴天揭；大雨盖，小雨揭；晴天中午盖，早晚揭；前期盖，后期揭。切不可因覆盖而轻管。菜心栽培不能进行全生育期的覆盖，一般覆盖15天左右，至幼苗具3片真叶时为止。覆盖者可较未覆盖的增产50%以上，高者可达150%。

（四）田间管理

田间管理技术措施可参照"菜心适时栽培技术"部分。

六、菜心主要病虫害及其防治

为害菜心的病害主要有炭疽病、软腐病、霜霉病、花叶病、根肿病、细菌性叶斑病、菌核病、黑腐病等；虫害主要有黄曲条跳甲、菜青虫、小菜蛾、斜纹夜蛾、螨类、蚜虫等，苗期注意防治黄曲条跳甲，中后期注意防治小菜蛾、菜青虫和斜纹夜蛾。防治上应贯彻"预防为主，综合防治"的植保方针，坚持以农业防治、物理防治、生物防治为主，化学防治为辅的原则，掌握最佳的防治时期。

(一) 主要病害及其防治

1. 炭疽病

(1) 症状

炭疽病是早熟菜心生长过程中的主要病害之一,华南地区高温、高湿的气候条件特别适合该病的发生。近年来该病发生较为普遍,既影响菜心的外观及品质,又造成减产,严重者损失30%~40%。

菜心炭疽病属真菌性病害,苗期至成株期均可发生,主要为害叶片、叶柄和叶脉部分。病害最初只是在接近地面的叶片上出现褪绿的水浸状小斑点,后扩大为圆形或近圆形灰褐色斑,中央稍凹陷,呈薄纸状,微隆起,直径为1~2毫米,最大不超过4毫米,最后病斑中央褪为灰白色,极薄,半透明状,易穿孔。在叶脉上病斑多发生于叶背面,形成长短不一、略向下凹陷的褐色条斑。叶柄上病斑为纺锤形或椭圆形,褐色,明显凹陷,叶片被害严重时,病斑可达数百个,相互汇合,连成大的病斑,造成叶片早枯。

(2) 发病条件

病菌主要以菌丝或分生孢子在病残体或种子上越冬。该病的发生和流行要求较高的温度和湿度,属高温、高湿型病害,一般在温度12~38℃的条件下均可发病,最适宜温度26~30℃。病菌主要从伤口入侵,靠雨水和昆虫传播蔓延。华南地区每年的4~9月高温多雨,特别适合该病的发生,发病较为严重。一般高温暴雨后暴晒、地势低洼、土壤黏重、植株过密、通风不良、氮肥过多、田间湿度大或与十字花科蔬菜连作时该病发生较重。

(3) 防治方法

①注意与非十字花科蔬菜轮作,同时搞好田园清洁,清除病株残体,深沟高畦,合理密植,保持田间通风透光,降低田间湿度。

②选用抗（耐）病品种，一般叶色黄绿品种较叶色油绿品种抗病，在生产上可选用叶色黄绿品种，如四九心-19号、四九心等。

③在发病初期可用80%大生可湿性粉剂600倍液、40%信生可湿性粉剂3 000倍液、叶斑净1 000倍液、施保功1 000~1 500倍液、40%达科宁悬浮剂500~700倍液、炭疽福美500倍液、75%甲基托布津可湿性粉剂600~800倍液或50%百菌清可湿性粉剂800倍液等进行防治，每隔5~7天喷1次，连续2~3次。

2. 软腐病

（1）症状

软腐病为细菌性病害，主要为害叶片、茎或根部。病菌多从伤口处入侵，初呈半透明水浸状，后变灰色或褐色，病部有白色细菌黏液，受害严重时会导致全株软化腐烂，病部渗出鼻涕状黏液，病菌也有时从心叶上部侵入，引起心部腐烂，汁液外溢，散出特殊臭味。收获菜薹时该病害最易发生。

（2）发病条件

病菌主要随病株残体在地里、肥料中越冬，借雨水、灌溉水、带菌肥料、昆虫等传播。一般高温多雨、久旱遇雨、浇水过度、连作、地势低洼处或种植感病品种时易发病。

（3）防治方法

①选用抗（耐）病品种。

②与非十字花科蔬菜进行轮作，避免连作。

③及早深翻并平整土地，高畦种植，搞好排灌系统，避免田间积水；发现病株及时清除，并在病穴及四周撒少许石灰消毒，灌溉时忌骤干骤湿，发病初期适当控制土壤湿度，不可过湿。

④发病初期可用72%农用链霉素3 000倍液、77%可杀得可湿性粉剂500~800倍液、菜丰宁粉剂500倍液、70%敌克松可湿性粉剂500~1 000倍液、新植霉素4 000~5 000倍液或代森铵800~1 000

倍液或2%菌克毒克300倍液等进行防治，交替使用，每隔7~10天喷1次，连续2~3次。

3. 霜霉病

（1）症状

霜霉病属真菌性病害，苗期及成株期或种株开花至结荚期均可发生，为害叶片及种荚。发病自下部叶片开始，初呈水浸状褪绿病斑，边缘不明显，后逐渐扩大，受叶脉限制呈现黄褐色多角形斑。天气潮湿时病斑背面产生疏密不等的白色霉状物，甚至布满叶背，严重时病斑融合成片。后期病斑破裂，病叶干枯变为暗褐色，不堪食用。采种株茎顶及花梗染病，多呈肥肿畸形，俗称"龙头拐"，种荚染病也不同程度变形。

（2）发病条件

病菌主要靠病株残体、土壤或种子带菌引起发病，借气流、昆虫、流水、雨水、农具等传播及侵染循环，从叶缘、叶背的气孔入侵。该病发生流行与温度和湿度，特别是湿度有密切关系，在气温稍低（15~20℃）而又忽寒忽暖或昼夜温差大、多雨高湿、定植后浇水过多或土壤黏重、植地低洼、排水不良、密度过大等条件下发病严重。在南方地区主要于晚秋或早春发生流行。

（3）防治方法

①选用抗（耐）病品种，叶色深绿的品种较耐病，如60天特青、迟心29号、特青迟心4号、绿宝70天、三月青菜心等。

②与非十字花科蔬菜实行轮作，并合理密植，注意通风降湿。

③发病初期及时喷药控制病害蔓延，重点喷施叶背。可用80%大生可湿性粉剂600倍液、70%赛深可湿性粉剂600倍液、75%百菌清可湿性粉剂500倍液、40%乙磷铝可湿性粉剂200~250倍液、58%瑞毒霉锰锌可湿性粉剂500倍液、72.2%普力克水剂600~800倍液、60%杀毒矾可湿性粉剂500倍液、50%扑海因可湿性粉剂

1 000倍液、70%杜邦克露可湿性粉剂600~800倍液、60%百菌通可湿性粉剂800~1 000倍液、25%甲霜灵750倍液、52.2%抑快净2 000~3 000倍液、69%安克锰锌500~600倍液、70%代森锰锌800倍或25%凯润乳油2 000倍液等进行防治,交替使用,每隔7~10天喷1次,连续2~3次。

4. 病毒病

(1)症状

病毒病又称花叶病。染病后首先在新长出的嫩叶上产生明脉,出现浓绿色与浅绿色相间的病斑,呈花叶状,病叶多畸形,植株矮缩。种株染病后结荚少,种子不实率多,发芽率低。

(2)发病条件

菜心病毒病主要由烟草花叶病毒和黄瓜花叶病毒侵染引起,带病植物为其初侵染源。传染媒介主要是蚜虫,蚜虫通过在病株上取食后飞到健株上可将带病汁液传给健株形成再侵染,此外感病的其他十字花科蔬菜也成为重要的初侵染源。在干燥、雨水少、湿度低的秋、冬季发病特别严重。

(3)防治方法

目前对病毒病尚无良好的药剂防治,只能采取综合性的农业措施,以预防为主。

①选用抗病品种,一般早熟品种比迟熟品种抗病。

②播前清除前作残株和杂草,避免连作,及时拔除病株烧毁或深埋,手接触病株后要及时消毒,防止人为传病。

③培育壮苗,施足基肥,加强肥水管理,增施磷钾肥,培育健壮植株,高温干旱季节勤浇水,可减轻发病程度。

④控蚜防病。重点在防治蚜虫,苗期覆盖银灰色遮阳网或悬挂银灰色薄膜条驱蚜或利用黄板诱杀蚜虫,并注意及时用药防治蚜虫。

⑤发病初期可用 20% 病毒 A 可湿性粉剂 500 倍液或 1.5% 植病灵乳油 1 000 倍液等进行防治。

5. 根肿病

（1）症状

根肿病为真菌性病害，幼苗至成株期均可发生。病株叶片色变淡，凋萎下垂，在晴天中午前后尤为明显，病株根部肿大呈瘤状。发病后期病部易被软腐细菌等侵染，造成组织腐烂或崩溃，散发臭气至全株死亡。

（2）发病条件

病菌以休眠孢子囊在土壤中或黏附在种子上越冬，借风雨、昆虫、灌溉水及农事操作等传播。病菌在 9~30℃均可发育，发育适宜温度 23℃，相对湿度 50%~98%。一般在低洼地或水田改旱田后发病重。

（3）防治方法

①实行轮作，避免在低洼积水地栽培或及时排除积水。

②每亩撒石灰 50~100 千克，抑制病菌发生。

(二)主要虫害及其防治

1. 黄曲条跳甲

(1)形态、习性及为害

黄曲条跳甲又名狗虱虫,成虫、幼虫均能为害。发生较普遍,主要为害十字花科蔬菜,还可为害瓜类、茄果类和豆类蔬菜,对蔬菜苗期的为害性更大。成虫主要食叶,以幼苗期受害最重,刚出土的幼苗,子叶被吃后,整株死亡,造成缺苗断垄。成株叶片被咬成穿孔,影响商品价值,甚至全株吃成只留下叶脉。在留种地主要为害花蕾和嫩荚。幼虫仅为害根部,蛀食根皮,咬断须根,使叶片萎缩枯死。该虫除直接为害外,还可传播软腐病、黑腐病。

黄曲条跳甲在广东全年都可发生,一年发生7~8代,世代重叠。以成虫在落叶、杂草中潜伏越冬,翌春气温达10℃以上时开始取食,20℃时食量大增。成虫善跳跃,受惊即跳到地面或水沟边,以在中午前后活动最盛,有趋光性。在炎热的夏季,多入土潜伏,或蛰伏于阴凉处。老熟幼虫在3~7厘米深的土中作茧化蛹。全年以春、秋季发生严重,尤以秋季最甚,一般湿度高的菜田重于湿度低的菜田。

(2)防治方法

①清除菜地残株落叶,铲除杂草,消灭越冬场所和食料基地。

②播种前深耕翻土,造成不利于幼虫生活的环境及消灭部分蛹,减少虫源。

③可用跳甲净乳油1 000倍液、跳甲绝600倍液、菊马乳油2 000~3 000倍液、50%辛硫磷1 000倍液、98%巴丹原粉1 000倍液、48%乐斯本乳油1 500倍液、扑甲灵1 000倍液、菌毒素1 000倍液、90%晶体敌百虫800倍液、18%杀虫双水剂300~400倍液或80%敌敌畏乳油1 200倍液等进行防治,交替使用。

2. 小菜蛾

（1）形态、习性及为害

小菜蛾为世界性害虫，主要为害十字花科蔬菜，以幼虫为害。成虫多产卵于叶背靠近叶脉凹陷处，卵椭圆形，黄绿色，多为卵块，1~3天后开始孵化。初孵幼虫潜入叶肉组织内取食，剩下表皮，在菜叶上留下一个个透明的斑，3龄后钻出叶表皮为害，多从叶背取食，残留叶面表皮成半透明的天窗状，4龄幼虫能将叶片食成孔洞或缺刻。幼虫喜集中为害心叶、嫩叶、花薹等，在留种田很容易发生，主要为害幼荚或籽粒。

小菜蛾在广东一年发生20代左右，世代重叠，终年为害。幼虫行动敏捷，稍遇惊扰即滚跳坠落，常吐丝下垂，也称吊丝虫。幼虫发育适宜温度20~30℃，华南地区与长江流域以3~6月、8~11月为发生高峰，秋季重于春季。

（2）防治方法

①避免与十字花科蔬菜连作，以减少虫源，同时收获后及时清除残株败叶及杂草并立即翻耕，以有效降低虫源。

②小菜蛾有趋黄特性，可用特制黏性黄板诱杀或利用性引诱剂诱杀，或利用频振式杀虫灯或黑光灯诱杀成虫，以减少虫源。

③引进或饲养释放寄生蜂进行防治，如利用菜蛾绒茧蜂进行防治也有较好的效果。

④小菜蛾易产生抗药性，在应用农药时应交替使用，可用6%艾绿士悬浮剂1 000~1 500倍液、苏云金杆菌500倍液或高绿宝1 500倍液、菌毒素1 000倍液、菜蛾清1 000倍液、菜蛾敌800~1 000倍液、5%抑太保乳油1 000~1 500倍液、5%锐劲特2 000倍液、5%卡死克乳油2 000倍液、高效Bt 600倍液、20%灭扫利乳油2 000倍液、复方菜虫菌500~800倍液或1.8%害极灭乳油2 000倍液等进行防治，交替使用，喷药的重点是心叶及叶背。

3. 菜青虫

(1) 形态、习性及为害

菜青虫以幼虫为害。成虫多数在叶背面产卵，卵呈瓶状，细小，初时乳白色，后变橙黄色。幼虫青绿色，低龄虫一般在叶背取食，啃食叶肉留下一层透明的表皮，呈小形凹斑，3龄后吃叶成孔洞或缺刻，严重的仅剩叶柄和叶脉，造成减产，降低商品价值。

菜青虫在广东一年发生14代左右，世代重叠，终年为害。各地均以蛹越冬，大多在菜地附近的墙壁、屋檐下或篱笆、树干、杂草残株等处，一般选择在背阳的一面，翌年4月开始羽化产卵。其发育最适温度20~25℃，相对湿度75%，与甘蓝类蔬菜生长发育所需的温度和湿度相近，因此形成该虫发生的春季（4~6月）、秋季（9~11月）2个高峰，而夏季发生较少。

(2) 防治方法

①搞好预测预报，抓住低龄期喷药防治。

②收获后清除残株落叶，做好田园清洁工作，消灭残存虫口。

③可用6%艾绿士悬浮剂1 000~1 500倍液、2.5%溴氰菊酯乳油1 500~2 000倍液、苏云金杆菌500倍液或高绿宝1 500倍液、98%巴丹原粉1 000倍液、菜蛾清1 000倍液、敌敌畏800倍液、海正灭虫灵1 000倍液、5%啶虫隆（抑太保）乳油2 000倍液、高效Bt 600倍液、1.8%害极灭乳油2 000倍液、1.8%爱福丁乳油1 500倍液、5%锐劲特悬浮剂1 500~2 500倍液、复方菜虫菌可湿性粉剂500~1 000倍液、2.5%敌杀死乳油2 000倍液、5%杜邦安打3 000倍液、5%卡死克乳油2 000~3 000倍或大神工1 000~1 500倍液等进行防治，交替使用。

4. 斜纹夜蛾

(1) 形态、习性及为害

斜纹夜蛾属鳞翅目、夜蛾科，具食性杂、暴发性和繁殖力强等特点，可为害99科290种植物，在广东受害的蔬菜种类主要有34种，其中以菜心、蕹菜、西洋菜、芥蓝等受害最严重。主要为害植物叶部，初孵幼虫常群集在植物叶背为害，啃食下表皮叶肉，剩留上表皮及叶脉成窗纱状，3龄以后分散为害，4龄幼虫咬食叶片，留叶脉。幼虫密度大时，可能全田吃成光杆并能转移为害，严重时可毁产。一般白天分散潜伏于土中，夜间出来活动。在留种田主要为害花梗和嫩荚。

斜纹夜蛾在广东、福建、台湾等地终年均可发生，无越冬现象。在广东一年可发生8~9代，福建6~9代，湖南、湖北、江西5~6代，江苏、安徽、贵州4~5代。各虫态生长发育适宜温度28~30℃，在33~40℃高温下也能基本生活正常。一般以每年的6~9月为害最严重。

(2) 防治方法

①经常进行田间检查，一发现有卵块或幼虫群及时进行清除。

②利用趋光性和趋化性，用频振式杀虫灯或黑光灯或性引诱剂诱杀成虫，也可用菜叶拌敌百虫毒饵诱杀。

③可用6%艾绿士悬浮剂1 000~1 500倍液、5%抑太保乳油或卡死克乳油2 000~2 500倍液、10%除尽悬浮剂1 500~2 000倍液、20%米满悬浮剂1 500~2 000倍液或大神工1 000~1 500倍液等进行防治。

5. 蚜虫

(1) 形态、习性及为害

蚜虫的种类很多，一般在南方发生的主要有桃蚜、萝卜蚜和瓜蚜等，皆属同翅目蚜科，3种蚜虫均为世界性害虫，分布范围极广。

蚜虫常群集在叶片背面或生长点附近,以刺吸式口器吸食植物汁液,幼叶被害时,常卷曲皱缩,受害轻的产生褪绿斑点,叶片发黄,影响正常生长,重的叶片卷缩、变形、枯萎。蚜虫排泄的"蜜露"污染叶片,影响光合作用,引起植株早衰,结瓜期缩短,造成减产。在留种田中最易发生,影响开花结实。蚜虫还能传播多种病毒病。

萝卜蚜在广东一年发生26代,1~3月和11~12月为发生为害盛期,主要为害十字花科蔬菜如白菜、菜心、萝卜、芥菜、花椰菜等,发育适宜温度15~26℃,相对湿度60%~75%,一般在秋季气温适宜并且干旱时发生早且严重。桃蚜一年发生20多代,除为害十字花科蔬菜外,还为害茄子、甜椒和番茄等。瓜蚜在蔬菜上主要为害瓜类,在广东可周年发生,以6月下旬和9月下旬发生较盛。

(2)防治方法

①利用蚜虫对黄色、橙黄色的趋集性,而对银灰色的负趋集性,苗期覆盖银灰色遮阳网或悬挂银灰色薄膜条驱蚜,能有效拒避蚜虫,或用频振式杀虫灯、黑光灯诱杀。

②可用10%吡虫啉1 500倍液、40%乐果乳油800~1 000倍液、50%辟蚜雾可湿性粉剂2 000倍液、5%高效大功臣1 000倍液、蓟蚜敌1 000倍液、15%蓟蚜净乳油1 000倍液、2.5%功夫乳油4 000倍液、2.5%敌杀死乳油2 000倍液或敌蚜虱1 500~2 000倍液等进行防治,交替使用。

6. 美洲斑潜蝇

(1)形态、习性及为害

又称鬼画符,属双翅目潜蝇科。原分布在巴西、加拿大、美国、墨西哥、古巴、巴拿马、智利等30多个国家和地区,约1993年由巴西传入我国,目前全国各地均有发生,主要为黄瓜、番茄、茄子、辣椒、豇豆、菜豆、芹菜、冬瓜、丝瓜、西葫芦、大白菜、油菜、

菜心等 22 科 110 多种植物。

该虫在南方各省年发生一般为 21~24 代,无越冬现象,成虫以产卵器刺伤叶片,吸食汁液,雌虫把卵产在部分伤孔表皮下,卵经 2~5 天孵化,幼虫期 4~7 天,末龄幼虫咬破叶表皮在叶外或土表下化蛹,蛹经 7~14 天羽化为成虫,每世代夏季 2~4 周,冬季 6~8 周。

（2）**防治方法**

①在斑潜蝇为害重的地区,收获后及时清洁田园,把被斑潜蝇为害作物的残体集中深埋、沤肥或烧毁。

②采用灭蝇纸诱杀成虫,在成虫始盛期至盛末期,每亩置 15 个诱杀点,每个点放置 1 张诱蝇纸诱杀成虫,3~4 天更换一次。

③可用 25% 斑潜净乳油 1 500 倍液、98% 巴丹原粉 1 500 倍液、1.8% 爱福丁乳油 3 000 倍液、1% 增效 7051 生物杀虫素 2 000 倍液、44% 速凯乳油 1 000~1 500 倍液、40% 绿菜宝乳油 1 000 倍液、1.5% 阿巴丁乳油 3 000 倍液、5% 抑太保乳油 2 000 倍液、36% 克螨蝇乳油 1 000~1 500 倍液或 5% 卡死克乳油 2 000 倍液等进行防治。

致　谢

　　出版《农家摇钱树·蔬菜》丛书的目的是指导蔬菜基层技术人员及生产者进行蔬菜无公害生产，涉及病虫害防治及用药技术部分由黄文东推广研究员负责审读及把关，特此表示谢意。